本书受到湖南省哲学社会科学基金与湖南文理学院博士科研启动基金资助

Research on the Behavior Regulation of the Construction Supervisors

建设监理人行为治理研究

谢光华 / 著

中国财经出版传媒集团

经济科学出版社
Economic Science Press

图书在版编目（CIP）数据

建设监理人行为治理研究 / 谢光华著 . —北京：经济科学出版社，2017. 11
ISBN 978 -7 -5141 -8590 -4

Ⅰ. ①建… Ⅱ. ①谢… Ⅲ. ①建筑工程 - 监理人员 - 行为分析 Ⅳ. ①TU712. 2

中国版本图书馆 CIP 数据核字（2017）第 263942 号

责任编辑：张 燕
责任校对：隗立娜
责任印制：邱 天

建设监理人行为治理研究
谢光华 著
经济科学出版社出版、发行 新华书店经销
社址：北京市海淀区阜成路甲 28 号 邮编：100142
总编部电话：010 -88191217 发行部电话：010 -88191522
网址：www. esp. com. cn
电子邮箱：esp@ esp. com. cn
天猫网店：经济科学出版社旗舰店
网址：http：//jjkxcbs. tmall. com
北京财经印刷厂印装
710 × 1000 16 开 13. 25 印张 200000 字
2017 年 11 月第 1 版 2017 年 11 月第 1 次印刷
ISBN 978 -7 -5141 -8590 -4 定价：45. 00 元

前　言

在整合国内外学者关于建设监理人行为研究成果的基础上，以监理人机会主义行为研究为主线，以监理人行为影响因子和监理人行为绩效为研究视野，首先，讨论了建设监理人行为的理想状态及其必要条件；然后，研究了建设监理人包括偷懒和合谋在内的机会主义行为，并建立相应的理论模型；最后，运用管理学实证方法，检验主要影响因子对监理人行为的影响，并就监理人在不同环境下的行为绩效展开实证研究，并得出相关结论，为优化建设监理人行为提供理论支持。

(1) 监理人行为具有二维性，即监理人行为方向与监理人行为力度，分别从监理人行为的“二维性”定义监理人机会主义行为。将监理人偷懒定义为监理人行为方向正确，但行为力度不足的机会主义行为。将监理人合谋定义为监理人的行为方向与建设业主的利益发生偏离的机会主义行为。包括监理人偷懒行为产生条件，生成机理与监理人偷懒防范；监理人合谋行为产生原因，基于监理人信息结构的合谋分析；监理人声誉与合谋瓦解机理等。

(2) 选择监理人行为影响因子，提出假设，假设检验，指标编制与描述性统计及检验结果；监理人行为绩效研究，包括检验思路、假设、方案、项目分析等，监理人行为绩效的结构方程模型分析，基于模糊识别的监理人行为绩效评价。工程性质（所有制，投资额度与级别）的不同会引起建设监理执业环境的变化，建设监理人行为绩效也存在着显著的差异。在不同性质的工程中，业主与承建人对建设监理行为的认可程度与配合力度不同。

（3）建设工程的特性是影响建设监理人机会主义行为的重要变量。建设监理人对工程质量控制与进度控制行为的绩效在国有大型建设工程与国有中小型建设工程中存在明显差异。前者是由于建设监理人可能获得充分的监理授权，建设业主代表赋予建设监理更多的专业权限，建设监理人的责、权、利划分比较清晰，监理人更加相信自己的能力，并且具备通过监理能力的提升改善监理工作的制度保障，监理人与业主的显性契约约束对两者都具备充分效力。另外，在不同所有制性质中，监理行为绩效也存在差异，监理质量控制与进度控制行为在国有大中型工程中的绩效表现不如私有大型工程，这是由于国有建设业主代表与私人建设业主的利益与目标约束存在差异。建设监理人工作的主动性和服务的专业性受到隐形契约的干扰，导致建设监理人的责、权、利界限模糊不清。

（4）良好的声誉机制是增强我国建设监理人的独立性，提高监理人行为绩效的重要条件。国有业主代表“内部人”控制使得监理人因为缺乏必要的独立性而被纵向合谋的可能性大大增加。当“内部人”控制强化时，监理人独立性变弱，而当声誉机制发挥作用时，监理人独立性增强，监理人独立性取决于声誉机制与“内部人”控制的相对强弱。而声誉对“内部人”控制的制衡是通过增强建设监理的独立性来实现的，其实质是市场力量与政府管制力量对比的结果。建立市场化的建设监理运作机制，充分发挥建设监理人市场声誉机制是提高监理人独立性并遏制目前建设监理人市场“劣币驱逐良币”不良局面的有效路径。

作者

2017年7月

目　　录

第1章

绪　　论

1.1

研究背景

1988年，随着建筑行业工程建设体制的深化改革和按照国际管理组织工程建设的需要，原建设部发布《关于开展建设监理工作的通知》，推行以公司制为主体的监理组织，是我国建设监理制度的发端。此后陆续推出了《工程建设监理规定》（执行日期1996.1.1，以下同），《中华人民共和国建筑法》（1998.3.1），《建设工程质量管理条例》（2000.1.30），《建设工程监理范围和规模标准规定》（2001.1.17），《工程监理企业资质等级的条件》（2001.8.29），《注册监理工程师管理规定》（2006.4.1），《建设工程监理与相关服务费管理规定》（2007.5.1），《工程监理企业资质管理规定》（2007.8.1）等法律法规，对监理企业的服务要求与行为规范做出了明确的规定，极大地促进了我国建设监理制度的完善与建设工程质量的提高。

在推行建设工程监理制度的同时，我国建立了一支规模较大的监理队伍。目前，全国有监理企业6000多家，其中甲级505家，全国监理从业人员20余万人，通过全国监理工程师注册考试取得职业资格证书的有5.8万多人，经过监理工程师注册的人员有4万余人。经过20多年的发展，建设工程监理的覆盖面正在逐步扩大。监理行业正逐步走向规范化、程序化、制度化的轨道。

我国监理行业经历了20多年的发展，虽然取得了一定的成绩，但也存在诸多的问题。一是监理人存在偷懒、合谋等机会主义行为，这些行为使得监理人的服务没有发挥应有的作用，监理质量大打折扣，建设工程质量与效益得不到保证，业主利益受损。二是监理人行为缺乏相对独立性，我们的实践中甲方往往越俎代庖，造成监理人地位和作用事实上地削弱。三是监理服务业行为不规范，主要表现为行业竞争无序，缺少监督机制，缺乏公开、公正和透明度。

1.1.1 监理单位

监理单位，是指具备《中华人民共和国建筑法》第13条规定的条件，依照法律规定取得资质证书，具有法人资格的监理公司，监理事务所和有资格承担监理业务的工程设计、科研及工程咨询单位。建设、勘察设计、施工、监理单位是建筑市场中的四大主体。1995版监理合同中“监理单位”是指承担监理业务和监理责任的一方，以及其合法继承人。1999版《建设工程施工合同》中“监理单位”是指发包人委托的负责本工程监理并取得相应工程监理资质等级证书的单位。《建设工程监理规范》(GB/T50319－2013)(以下简称2013版《监理规范》)中相应的名称为工程监理单位，其定义为：依法成立并取得建设主管部门颁发的工程监理企业资质证书，从事建设工程监理与相关服务活动的服务机构。

1.1.2 监理人

现行法律下，监理人是指与委托人（业主）签订委托监理合同的监理单位派出承担监理业务的机构及人员。在允许监理工程师独立执业、独立承担责任的条件下，监理人指由监理工程师组成的承担监理业务的团队。监理工程师是专业人士，监理人是专业的受托人，是项目建设中的三个独立主体之一。

“监理人”这一称谓最早出自2000年正式实施的《建设工程委托监理合同（示范文本）》（GF－2000－0202）（以下简称2000版《监理合同》）。这一称谓是由1995年建设部、国家工商行政管理局联合颁布的《工程建设监理合同（示范文本）》（GF－95－0202）（以下简称95版《监理合同》）中的“监理单位”演变而来。2012年实施的《建设工程监理合同（示范文本）》（GF－2012－0202）（以下简称2012版《监理合同》）仍沿用了这一称谓。2013年实施的《建设工程施工合同（示范文本）》（GF－2013－0201）（以下简称2013版《建设工程施工合同》）也由《建设工程施工合同》（GF－1999－0201）（以下简称99版《建设工程施工合同》）中的“监理单位”改成了“监理人”。2000版监理合同将“监理人”定义为：合同中提供监理与相关服务的一方，及其合法的继承人。根据以上合同文本及监理规范对“监理人”与监理单位的定义，可以认为，“监理人”指的就是“监理单位”，是法人或其他组织。如果指的是自然人，则可以表述为企业法定代表人。但监理单位也是由以总监理工程师、专业监理工程师、注册监理工程师、监理工程师等若干个体而形成的组织。在本书的研究中，监理人是指以监理工程师为主体的从事监理行业的自然人及其集合；监理人行为是指工程建设项目的业主委托具有资质的独立监理单位，以派出监理人的方式对相对方（设计人、承包人）的履约行为和结果进行的监督、检查和管理等行为。本书以监理人的自然人行为作为主要研究对象。

监理人行为特征包括：①独立的监理人是项目建设中的三方主体之一。②业主和监理单位之间有委托监理合同，委托的完整法律内涵包括委托人本人的意志、受托人的意志、委托人和受托人意志表示一致三个基本要素。监理合同是架构委托法律关系的唯一基石。③有相对方存在且相对方与委托人之间签订有基础合同（设计、施工合同）。④监理人对相对方履约行为和结果需进行监督管理，其效果归属于委托人。相对于政府对工程建设的监管，监理是一种民间的赢利性活动，是一种高智能的技术服务。本书的监理人行为不包括工程咨询服务，虽然实践中工程咨询属于监理人的业务范围，但是后者缺少相对方，比如业主委托做可行性研究，办理政府手续等。《中华人民共和国合同法》第276条规定“发包人与监理人的权利和义务以及法律责任，应当依照本法、委托合同以及其他有关法律、行政法规的规定”。

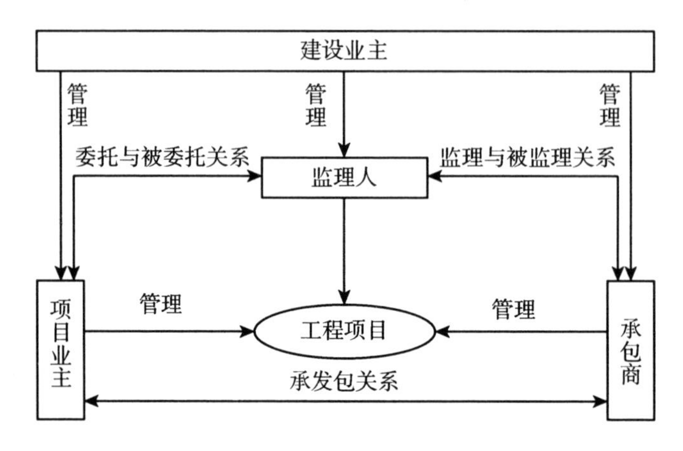

图1－1　建设工程主体关系

资料来源：作者整理。

从图1－1可以看到，工程项目的质量与效率涉及多个行为主体，我们可以从多种不同视角对建设工程的投资效益问题进行研究。①政府视角。政府主要是进行宏观调控，建立各种规章制度，规范市场主体行为，监督市场主体行为，为市场主体提供一个统一、开放、竞争的市场环境。政府管理对建设工程投资效益的实现提供了制度保障。②业主视角。业主主要是利用市场竞争机制，择优选择承包商；通过直接委托或市场竞争，选择监理单位。业主管理对建设项目的投资效益起着先天性的、根本性的决定作用。③承包商视角。承包商主要是按照与业主签订的承包合同完成工程项目的建设。承包商的管理是建设工程投资效益的直接实现手段。④监理人视角。监理人主要是对项目建设过程中的质量、成本、工期、安全等进行控制。监理人介入工程的管理对建设工程投资效益的实现起着重要的调控作用。

从现有的研究状况来看，基于政府视角、业主视角、承包商视角的研究已相对充分，但基于监理人视角的研究则非常薄弱。这种情况的形成，可能的原因是：①监理权是由业主的经营管理权派生出来的。从理论上讲，业主可以委托专业的监理公司行使监理权，也可以不授权，自己从事监理工作，或者委托建筑师和工程师代行项目管理职能，如在“二战”前占绝对主导地位的设计—招标—建造模式（design-bid-build）。在当代，虽然专业化的建设项目管理公司得到了迅速发展，其占据建筑咨询服务市场的比例也日益扩大，但并未完全取代传统模式中的建筑师和工程师。目前还没有资料表明，专业化的建设项目管理模式与传统模式究竟哪个占主导地位。因此，研究者往往对监理人行为的研究纳入业主行为的研究之中，而没有进行单独的研究。②建设项目专业化的出现相对较晚。从广义上讲，无论是埃及的金字塔，古罗马的竞技场，还是中国的长城、故宫，都存在相应的建设项目管理活动，建设项目管理已有好几千年的历史。而建设项目管理专业化只是在“二战”之后，为应对一大批大型和特大型建设工程不断对工程建设管理者的水平和能力提出的新的挑战而逐渐形成的。在我国，最早实行监理制度的是1984年开工的云南鲁布革水电站引水隧道工程，1986年开工的西安至三原高速公路工程也实行了监理制度。在建设项目管理专业化的近40年的历史中，对监理人行为的系统研究多处于收集整理材料阶段，主要是个案研究和专题研究，对建设监理人行为进行系统的理论研究基本上还是一种空白状态。因此，从监理人这一独特视角出发，研究监理人行为成因与绩效，为建设工程质量与效率研究拓展了广阔的空间。

1.2 文献综述

对监理人行为的研究，可以从两个不同维度进行。一个是将监理人行为当作解释变量，将建设工程的投资效益当作被解释变量，研究监理人行为对建设工程投资效益的影响，属于监理人行为效应研究；另一个是将监理人行为当作被解释变量，将制度安排等因子作为解释变量，研究监理人行为的形成机理，属于监理人行为成因研究。下面，从这两个维度对国内外的现状作一个简要的评述。

1.2.1 国外研究状况

1. 国外关于监理人行为效应的研究

关于监理人行为内容的研究。英国皇家特许测量师学会（RICS）推动了“QS”（quantity survey）在英国和英联邦国家的发展。“QS”最早帮助业主搞验房，进行工程测量；后来帮助业主编标底，协助招标；再发展到合同管理；最后发展到为业主进行投资管理，进度管理和质量控制。20世纪50年代末和60年代初，在美、德、法等国兴起了“PM”（project management），也即项目管理。项目管理组织向业主、设计、施工单位提供项目组织协调、费用控制、进度控制、质量控制、合同管理、信息管理等服务，“PM”的服务范围比QS要广泛得多。汤姆森等（Thomsen et al.，1968）在新纽约州立大学研究关于设计和施工的加速和改进控制时，提出了“CM”模式（fast-track-construction management）。CM实际上是一种边设计边施工的模式，在组织上，是一种设计、管理联合体。CM公司提供多种服务，包括质量和投资的优化，如进度控制、预算匡算、价值工程等；工程估价，如材料和劳动力的费用估价，项目财务系统，决算跟踪，执行概况报告书，对投资进度施加影响等；设备目录系统；项目手册，如技术和行政程序，月报等。

关于监理人行为依据的研究。国际咨询工程师联合会（FIDIC）1957年出版了标准的土木工程施工合同条件。第2版（1963）在第1版的基础上增加了用于疏浚和填筑合同的第三部分。第3版（1977）对第2版做了全面修改，得到欧洲建筑业国际联合会、亚洲及西太平洋承包商协会国际联合会、美洲国家建筑业联合会、美国普通承包商联合会、国际疏浚公司协会的共同认可。经世界银行推荐将FIDIC条件第3版纳入了世界银行与美洲开发银行共同编制的《工程采购招标文件样本》。第4版（1987年出版，1988年订正）更多地吸收了世界银行和阿拉伯联合基金会的代表建议。FIDIC合同条款通用条款（标准条款）包括以下方面内容：一般规定；雇主；工程师；承包商；指定的分包商；职员和劳工；设备、材料和工艺；开工、误期与停工；竣工检验；雇主的接收；缺陷责任；计量与计价；变更与调整；合同价格预付款；雇主提出终止；承包商提出停工与终止；风险与责任；保险；不可抗力；索赔、争端与仲裁，这些条款为监理人的行为准则提供了权威的文件依据。

关于监理方法和工具的研究。对监理方法和工具的研究起始于20世纪50年代末、60年代初，它源于组织论、控制论和管理学，同时又结合了建设工程和建筑市场的特点。其主要内容有：建设项目管理的组织、投资控制、进度控制、质量控制、合同管理。20世纪70年代，随着计算机技术的发展，计算机辅助管理在监理工作中的重要性日益显露。随着网络计划技术理论和方法的发展，开始出现进度控制方面的专著。20世纪80年代，在投资控制方面出现了一些新的概念，如全面投资控制（total cost control）、投资控制的费用（cost investment control）等；进度控制方面出现多平面网络理论和方法；合同管理和索赔方面的研究日益深入，形成了许多专著。20世纪90年代至21世纪初，投资控制的偏差分析形成系统的理论和方法，质量控制方面由经典的质量管理方法向ISO9000和ISO4000系列发展，建设工程风险管理方面的研究越来越受到重视，在组织协调方面出现了沟通管理（communication management）的理念和方法。与建设项目管理相关的商品化软件大量出现，尤其是在进度控制和投资控制方面出现了不少功能强大、比较成熟甚至完美的商品化软件，在建设项目管理实践中得到了广泛应用，提高了建设项目监理的工作效率和水平。

关于监理人的职业素质研究。FIDIC（1991）道德准则分别从社会和职业责任、能力、公正性、对他人的公正等5个问题、共计14个方面规定了监理工程师的道德准则。美国项目管理学会（PMI）亦对项目经理的职业道德、技能、知识结构等提出了具体要求。

关于监理绩效的研究。美国总承包商协会（AGC）于1975年对监理效果进行了实证研究。对全美50个州的在建工程进行调查发现，68%的公共工程在建设中雇用了监理人，100%的私人投资工程接受了工程监理。专业调查结果表明，建设监理人的工作有利于工程建设的效率提升。

2. 国外关于监理人行为成因的研究

相对于业主而言，监理人是代理人，是代理人的一种特殊形态。因此，对监理人行为的理论分析适用于委托代理经典模型。专门研究监理人行为的理论文献并不多见，但制度经济学关于代理人行为形成机理研究的文献非常丰富。下面，本书从两个层面对相关理论文献进行梳理。

第一个层面：关于代理理论的研究。

在阿罗—德布鲁世界里，厂商被看成是一个“黑匣子”，它吸收各种要素投入，并在预算约束条件下采取利润最大化行为。这种“人格化”的厂商观过于简单，它忽略了企业内部的信息不对称和激励问题，无法解释现代企业的很多行为。于是从 20 世纪 60 年代末开始，经济学家深入到企业内部的关系中，也就是说，深入到“黑匣子”里面研究企业中的组织结构问题，期望得到关于企业这种经济组织更多的理解。

罗斯（Ross. S，1973）提出了现代意义的委托代理概念。他指出，当代理人代表委托人的利益行使某些决策权时，代理关系就产生了。代理问题是随着生产力的发展和规模化大生产的出现而产生的。分工和专业（specialization）是代理关系存在的前提。一方面，生产力的发展促使分工得到进一步细化，由于知识、能力和精力等原因，权利的所有者不能行使所有的权利；另一方面，专业化分工培育了一大批有精力、有经验、有能力的代理人，他们能代理行使好被委托的权利。因此，“专业化”的出现孕育着一种关系的产生：代理人由于在某方面具有相对优势而代表委托人采取行动（Hart and Holmstrom，1987）。

但这种制度安排带来了一系列代理人问题，比如：①在委托代理的关系当中，由于委托人与代理人的效用函数不一样，委托人目标函数是自己的财富更大化，而代理人目标函数是工资津贴收入、奢侈消费和闲暇时间最大化，这必然导致两者的利益冲突；②当委托人与代理人的期望或目标不一致时，信息不对称使得委托人难以核实代理人的工作，或者核实该工作的成本太高（Jensen and Meckling，1976；Ross，1973）；③由于委托人与代理人的风险偏好不同而各自可能采取不同的行为，委托人与代理人不同的风险态度又将产生风险分担问题（Jensen and Meckling，1973）等。因此，在制度安排失效的情况下，代理人的行为很可能最终损害委托人的利益。

在代理人唯一的假设下，研究者考虑的核心问题是：委托人如何选择激励计划，让代理人的行为符合委托人的利益？代理理论是关于委托人和代理人的关系，这种关系可以被界定为"一个契约"，"这个契约是关于一个或多个人（委托人）使另外一个人（代理人）代表他（他们）从事一些服务，其中委托人可能将一定的决定权委派给代理人"（Jensen and Meckling，1976）。从本质上说，代理理论是劳动分工条件下的委托人风险承担问题（Jensen and Meckling，1976；Ross，1973）。作为早期的风险分担文献（Arrow，1971；Wilson，1968）的拓展，代理理论的中心任务是研究在利益相冲突（委托人与代理人的效用函数不一致）和信息不对称的环境下，委托人如何设计最优契约激励代理人。因此，委托代理理论又可称为"最优合约理论"，它试图回答以行为为检测标准的契约（behavior-based contract，以下简称"行为契约"），如薪水、层级管理等，是否比以产出为检测标准的契约（outcome-based contract，以下简称"产出契约"），如佣金、股票期权、产权转让等更有效率。

代理关系早期的经典文献是围绕委托人与代理人之间的最优契约，即行为选择与产出结果而展开的。委托代理理论基本模型假设：①委托人与代理人的目标冲突；②完全信息；③产出具有可观察性；④代理人的风险规避。在这些假设下，委托人愿意购买代理人的"行为"。这种基于行为检测标准的契约（行为契约）是最优的。修改基础模型的假设，即假设代理人的行为是不可观测的，委托人不知道代理人行为是否"恰当"，代理问题就出现了。在代理人行为不可观测的情况下，委托人通常有两种选择，一是通过信息系统发现并掌握代理人的行为，如利用预算系统，财务报告，审计检查等信息系统实时监测代理人的行为，信息揭示可以使得委托人的信息拥有量又回到了基本模型的假设条件，即处于完全信息的状况下。二是依据代理人行为的产出来缔结契约。产出契约通过将代理人目标偏好与委托人目标偏好协调一致来控制代理人行为，但是是以一定价格表示的风险转移为前提的。产出仅仅是行为方程的一个变量，导致了风险的出现。事实上，监管政策、经济环境、竞争对手的行为、技术变化等都可能使产出成为代理人行为不可控制的随机变量，而这种不确定性使得当事人不可能做出事前的产出计划，而且产出风险还必须有人承担。当产出的不确定性较低时，转移风险至代理人的成本较低，产出契约是有吸引力的；但当产出不确定性较高时，这种风险转移的成本就很高。

艾森哈特（Eisenhardt，1989）认为，当委托人拥有足够的信息去核实代理人行为的时候（behavior-based contract），代理人以委托人的利益出发行事的可能性相对较高。当影响产出结果的随机因素作用很小时，委托人和代理人以产出结果（outcome-based contract）作为衡量标准签订契约的可能性相对较高。在委托代理理论的经典文章中，詹森和梅克林（Jensen and Meckling，1976）探讨了公司所有权结构，包括经理人持有股权对经理人与所有人利益一致性问题的影响分析。法玛（Fama，1980）讨论了作为信息机制的有效资本市场与劳动力市场控制公司高管自利行为的作用。法玛和詹森（Fama and Jensen，1983）讨论了作为内部持股人的董事会成员运用监督权控制公司高管机会主义行为的作用。詹森（1983）研究了特有契约关系出现的原因及特点；以产出目标为检验标准的契约在抑制代理人机会主义方面是有效的，这是因为该契约使得代理人的偏好与委托人的偏好相一致。詹森和梅克林（1976）描述了经理人参与所有权分享与经理人机会主义遏止之间的关系。代理理论也考察了信息对机会主义的影响，通过信息系统，委托人可以更多地监测代理人的行为过程，这样代理人将很难欺骗委托人。法玛（1980）发现了信息挖掘对资本与劳动市场中代理人行为的影响，并指出董事会能够利用完善的信息系统遏制管理层的机会主义行为（Fama and Jensen，1983）。

代理理论基本模型是进一步研究的逻辑基础，后来的许多文献也是在委托代理关系一般模型的基础上拓展而形成的。哈里斯和拉维夫（Harris and Raviv，1979）放松了一般模型中代理人风险规避的假设条件。德姆斯基（Demski，1980）考虑委托人与代理人目标不相冲突的假设。代理理论文献对基本模型的另一个拓展体现在代理人所从事的任务。艾森哈特（1985）考虑任务的程式化很可能影响检测代理人行为的难易程度；安德林（Anderson，1985）考察了代理人任务的另一种特性——可测量性

(Measurable)。

总之，代理人问题研究基本思路是：通过委托人构造其激励相容系统，代理人将愿意诚实地显示他们所有的信息且不存在一般性损失（Myerson，1981）。委托人利用显示原理可以大大简化其所设计的激励机制，即只要代理人报告自己的类型信息（如生产成本，边际效用等），然后根据代理人报告决定生产计划（如产量水平和投资水平）和转移支付计划，只要委托人所设计的激励机制满足激励相融的参与约束条件，我们就能找到最优的激励安排。所以，代理理论的根本矛盾可以模型化为租金抽取和效率的两难冲突，即为了满足代理人的激励约束，委托人必须给予说真话的代理人一部分信息租金，以换取代理人的信息显示，以便在完全信息下实施帕累托最优的配置。在两难冲突达到一定均衡时，委托人所设计的激励机制就是最优的，而最终的产出则是帕累托次优配置的结果。

第二个层面：关于合谋理论的研究。

前述关于代理人理论研究是在单个代理人的假设下完成的。一般而言，如果存在多个代理人，且代理人之间是相互独立、非合作的，则上述的基本结论就可以不加修正地推广。然而，当多个代理人之间存在合作和沟通时，合谋和勾结的问题就是不可避免的，而这必须在新的分析框架下解决合谋条件下的激励问题。

代理理论的后继研究者进一步分析了委托代理合同关系中委托人与代理人之间的信息差距，以及这种信息差距对合同主体的影响。对低效率的代理人的惩罚主要是采取加大对低效率代理人的惩罚力度和提高发现低效率代理人的概率（Becker，1968）。因此，加强委托人信息系统功能，缩小信息差距是合同事前制度设计的关键。

而合同事后制度设计的一种方法是引入监管者，即委托人通过雇用一个可以获得代理人的私人信息或行动信号的第三方（监管者）来揭示代理人私人信息，从而增加产出或降低代理成本。但这一思路暗含着监管者不被收买的假设。当组织的层级变成三层时，就不再仅仅只是激励问题了。考虑到监管者被收买的可能性，那么对低效率代理人的更严厉的惩罚，常常也可能导致代理人更强的收买监管者的动机，或者投入更多的资源来掩盖低效率证据（Laffont and Tirole）。监管人和代理人合谋，不仅使得监管者对委托人的价值大大降低，而且合谋可能进一步侵害委托人的利益。

组织内合谋理论的分析框架是以拉丰（Laffont）和泰勒尔（Tirole）为代表的 IDEI 经济学家建立起来的，他们运用博弈论与契约理论建立了由委托人、监管人和代理人三个层级结构构成的一般分析框架——P-S-A 框架。在该分析框架下，他们首先建立了一个无合谋的基准模型，然后再逐步分析不完全信息条件下的合谋行为的发生与防范。他们得出两个结论：第一，当监管者与代理人之间有剩余的不对称信息时，监管对于组织而言是有价值的；第二，在不同组织形式下（集权与分权）存在着等价原理。根据代理关系中的信息类型与信息特征，我们可以将建设监理人获取的信息进行分类，如表 1－1 所示。

表 1－1　　信息类别

代理关系中的信息类型	信息特征
不可伪造的“硬信息”	监管人信息可证实，但也可以向委托人掩盖该信息
可伪造的“硬信息”	监管人信息可证实，但在代理人的帮助下可以对信号造假
软信息	监管人的信息不可证实，因此可以向委托人任意报告

资料来源：根据泰勒尔和可夫曼（Tirole and Kofman，1989）文献整理而成。

奥尔森和托斯维克（Olson and Torsvik，1998）从委托代理的角度出发，认为合谋是两个或者两个以上的人以欺诈为目的而达成的协议。在拉丰和马梯芒（Jean-Jacques Laffont and David Martimort，2003）的分析范式中，说明了两类合谋的生成：其一，作为代理人之间的合谋；其二，拥有信息优势的监管者（包括事中的监督者与事后的审计者），可能和代理人在激励不足时结成联盟，从而形成第二类联盟。泰勒尔（1986，1992）奠定了硬信息合谋问题分析的基本框架，并认为委托人可以从增加对监管者的激励，遏止合谋利益，提高合谋的交易成本等三个方面来防止合谋；拉丰和泰勒尔（1993，2002）成功地将这一框架运用到诸多不同问题，比如政府采购，规制收买，拍卖偏好以及成本稽核合谋。可夫曼和劳瑞（Kofman and Lawarree，1993，1996）将其结果运用到审计合谋，指出外部审计员比内部审计员更不易于缔结合谋。因此，使用外部审计员对委托人更为有利；拉丰和马梯芒（1999）则证明将监督权在数个监督者之间的分割也可以阻止合谋动机；巴利加和肖斯特罗姆（Baliga and Sjostrom，1998）的研究也表明分权能实施最优的防合谋合约（Collusion-proof Contract）。而霍姆斯特罗姆和米尔格罗姆（Holmstrom and Milgrom，1990）和瓦里安（Varian，1990）则认为监管者和市场主体之间的实际或者潜在的合谋往往都是以隐藏信息披露的方式而存在，而这必然导致对初始委托人的损害，或者说，委托人无从对代理人的行为构成现实约束。但沃尔特等（Walter Cont et al.，1999）从不同特征的信息对防止合谋的价值角度，研究了信息的价值对合谋监管的影响。在委托人—监管人—代理人框架下的合谋问题中，委托人对监管人信息质量存在不同的偏好。根据监管人信息的不同特征，当存在代理人努力水平扭曲和信息噪音时，委托人从监管人的可伪造"硬信息"中获利将多于从软信息中的获利；在监管人的信息是软信息的条件下，只有当委托人获取准确的信息时，其得益才可能与硬信息条件下相等。本人收集了国外学者关于组织内合谋理论研究的成果，如表1-2所示。

表1-2　　组织内合谋理论研究

作　者	基本假设	研究对象	分析框架	主要结论
霍姆斯特罗姆（1982）	引入监督者作为外生变量	多代理人下的败德问题与逆向选择	多代理人团队模型	公正的外部监督者有奖有罚规则可以解决激励问题
泰勒尔（1986）	合谋的激励相容假设	代理问题中的合谋行为	防合谋的激励契约	增加监督者的报酬是控制合谋的重要措施
拉丰（1990）	三层组织结构	组织中暗中博弈	三层层级结构模式的防合谋模型	层级代理引起监督者的敲诈行为，暗中博弈使得不依赖于个人产出的激励机制最优
拉丰和马梯芒（1997）	信息不对称	合谋条件下的公共物品机制设计	逆向选择下的委托人—监管人—代理人模型	在某些条件下，一个分权机制等价于最优的防合谋的集权机制

续表

作　者	基本假设	研究对象	分析框架	主要结论
巴伦等（1992）	代理人风险中性，信息不对称	集权与分权制度下福利比较	委托人—监管人—代理人模型	当代理人风险中性时，无合谋的分权机制不会带来新的福利损失
麦克米拉（1995）	代理人风险中性，信息不对称	代理人的有限责任保护	逆向选择下的委托人—代理人模型	风险中性代理人在有限责任保护下的，分权的成本可以忽略
巴利加等（1998）	代理人风险中性，信息不对称	不同机制对资源配置的影响	委托人—监管人—代理人模型	在某些条件下，一个分权机制等价于最优的防合谋的集权机制
拉丰和马梯芒（1998）	监督人的监控信息不完全	不完全信息下的合谋	委托人—监管人—代理人模型	委托人可以设计一个防止合谋的主契约使得代理人从中得到的收益不少于合谋的收益，此时代理人合谋积极性不存在
马赫蒂摩（2001）	简单的不对称机制条件	组织歧视对于防合谋的影响	RPV 评价框架	当代理人之间存在合谋时，相对业绩评价机制不可能实现帕累托有效
希俄斯等（2002）	复杂的不对称机制条件	组织歧视对于防合谋的影响	相对绩效评价机制	带有歧视的复杂的不对称可以实现帕累托有效
可夫曼等（1993）	监督人检查的不完备性	监督人工作评价	委托人—监管人—代理人模型	对代理人的惩罚只会增加代理人对监督者的贿赂，并导致防止合谋成本的增加
拉丰，马赫蒂摩（2000）	由公正的第三方设计多代理人效用和最大化的子契约目标函数	同级多代理人问题	同级代理人的防谋模型	子契约存在的前提是合谋下的代理人效用大于不合谋时的效用，设计匿名契约，确保代理人联合扭曲信息的行为对他们自身不是最优的

续表

作　者	基本假设	研究对象	分析框架	主要结论
陈志俊，邱敬渊（2003）	信息不对称	组织内歧视	锦标赛模型	组织内歧视的作用在于有效防止合谋，带有显性歧视的不对称机制优于无歧视的对称机制

资料来源：根据泰勒尔，马梯芒，巴利加和肖斯特罗姆等的文献加工整理而成。

巴利加和肖斯特罗姆（1998）以道德风险为研究视野，分别分析了风险中性的代理人在分权与集权条件下的合谋问题。结果表明，实施最优防合谋的合同是分权，这一结论与拉丰的“等价原理”异曲同工。斯塔德勒（Macho-Stadler，1998）和佩雷斯卡－斯特里隆（Perez-Castrill，1999）研究了代理人风险回避的情形，认为委托人在此情况下可能更偏好分权。蔡利克（Celik，2001）则从不同信息结构的角度，考察了在监督者与代理人共享一部分信息条件下，集权将占优于分权，从而从信息结构的角度对“等价原理”做出了新的解释。而赖希斯泰因（Reichalstein，2001）研究了当监督者与代理人分权时，风险中性的代理人在不合谋时不会有任何福利损失。马丁·斯基特莫尔（Martin Skitmore，2000）分析了决策中的合谋问题，从组织内、外部两方面角度讨论了影响合谋的因素，并就组织内合谋倾向的原因做出了合理解释。安托·万佛瑞格里莫（Antoine Faure-Grimaud，2000）的模型分析中，讨论了代理人与监管人合谋的交易成本，指出两者的依赖型程度将影响合谋成本。安托·万佛瑞（Antoine Faure，2003）研究了监督者授权下，软信息结构的防合谋机制。基姆（Kim，2006）将合谋看作代理人与监督者的支契约（side contract）。在假设一定合谋者数量，技术类型与分布概率条件下，委托人能获得次优均衡，合谋不一定能侵害委托人的利益。当然，这是在对各合谋主体信息相关的严格假设条件下得出的结论，并不具有普遍的借鉴意义。与此对应，穆柯吉（Mookherjee）和津曲（Tsumagari，2006）分别考察了道德风险和逆向选择条件下多个代理人之间合谋与委托人产出的关系，得出代理人在决定参与机制前的合谋与委托人的次优委托方案。蔡利克（Celik，2008）分析了拥有第三方监督条件下的逆向选择问题。当委托人直接与代理人签订契约而忽视监督者的作用时就构成一个无监督者代理模型。当委托人知道代理人类型时，向监督者委派任务将减少委托人收益。但如果委托人分别与代理人和监督者签订合同（即雇用第三方监督），委托人的报酬将高于无监督者的情况。

传统委托代理理论是以代理人“自利”和纯“物质激励”为假设的，对代理人偷懒效应的分析仅针对偷懒对委托人造成的损失与代理人由此获取的“闲娱”效用，而没有将偷懒对代理人产生的负效用考虑进来，偷懒会导致生产效率和质量的下降，即便偷懒不被发现，有“良知和道德”（道德敏感性 moral sensitivity）的代理人会因为觉得自己“劳动”对不住“报酬”而感到自责和羞愧，心理负罪感为代理人带来了负效用，当然对于没有道德敏感性的代理人会心安理得，不存在这种负效用。但随着社会整体道德水准的提高，“经济人”弱道德敏感性将向强道德敏感性转化。传统代理人效用方程没有考虑这种负效用，我们可以认为其隐藏着代理人道德敏感性为零的假设，即代理人不会对自己的败德行为产生任何内疚、自责等负效用。而实际上，忽视代理人道德与伦理的存在对其行为的影响是与许多事实相左的（Arrow，1998）。史密斯（Smith，1759），勃兰特（Brandt，1979）等从道德哲学的角度提出个人将对其违背社会准则的行为而存在某种程度的羞耻感和负罪感，而这种负罪感会给代理人带来心理负担，因而产生负效用。遵守约定通常被认为是道德敏感性较高的表现，也是伦理哲学的基础（Adam，1998；Beauchamp，2004；Bichieri，2006）。因此，当具有道德敏感性的代理人偷懒时，其在获得偷懒收益的同时，也承担着因羞耻感和负罪感而带来的代理人负效用。

从经济激励方式（物质手段）转入道德激励方式（精神手段）是代理理论发展的自然延伸。其实，通过道德或社会准则制约代理人的自利行为在很早以前的代理理论文献就已提出（Demski and Feltham，1978）。但一直以来，主流文献似乎偏好以经济激励作为解决道德风险问题的主要方式。在卡普兰和阿特金森（Kaplan and Atkinson，1998）对委托代理模型一般化的描述中，一个风险中性的委托人向提供生产性努力的风险规避型代理人支付无风险的工资，只要工资能足够补偿其努力，则代理人会接受该工资契约。然而，代理人可能存在道德风险（或机会主义的自利行为），在事后偷懒而并未兑现契约规定的努力程度。当努力状况不可观察时，代理人的道德沦落（moral failure）便产生了所谓的道德风险（Kaplan and Atkinson，1998）。

以上文献集中研究了代理人与代理人之间（平级），代理人与监督人之间（跨级）的合谋对委托人利益的影响。但对委托人与监督者的合谋研究并不多见，而这种抽象的关系却常见于我国建设工程的委托代理关系案例中，特别是在国有建设工程中，当建设业主代表（项目主管官员）存在道德风险时，其与代理人或监理人的合谋是大量存在的。但我们放大研究的视野，考虑到这些工程的初始业主是全体人民，建设业主代表又只不过是全民的代理人，那么，建设业主代表与监理人或承建人的合谋，也可以归于以上跨级合谋，是典型的双层跨级合谋。合谋理论发展至今，相关的实证研究也十分丰富。已有许多经济学家运用合谋理论在企业集团合并、多元化收购、管理层并购与剥离等方面展开了深入的应用研究，整理相关研究如表1-3所示。

表1-3　代理理论研究

作者	研究方法	分析样本	自变量	相关理论	因变量	观点或结论
米哈，列夫（Amihud & Lev，1981）	实证主义代理理论	世界500强中的309家企业	经理人控制权，所有人控制权	代理理论	企业集团合并与多元化	支持
安德森（Anderson，1985）	委托代理理论	13个电子企业的159个销售商	非销售行为，销售绩效评估	交易成本	代理商与公司销售能力	支持
艾森哈特（Eisenhardt，1985）	委托代理理论	54家零售店	信息系统，销售业绩评价成本，销售业绩的不确定性	组织控制论	工资与津贴	随着环境不确定性的增加，行为契约数量增加

续表

作者	研究方法	分析样本	自变量	相关理论	因变量	观点或结论
沃尔夫森（Wolfson，1985）	实证主义代理理论	39家石油燃气合伙制公司	合伙人以往业绩	税收	股价	支持
阿格瓦（Argawal，1987）	实证主义代理理论	209家大型公司	管理层持股	代理理论	并购与剥离，债务权益比	支持
艾森哈特（Eisenhardt，1985）	委托代理理论	54家零售店	工作的程式化，信息控制，绩效的不确定性	组织制度	工资与津贴	随着代理人任务的程式化程度增加，行为契约数量增加
康伦等（Conlon et al.，1998）	委托代理理论	40家企业	监管力度	组织制度	绩效的随机性	支持
巴尼（Barney，1998）	实证主义代理理论	32家日本电子企业	雇员股票持有	产权控制	持股成本	支持
辛格等（Singh et al.，1995）	实证主义代理理论	世界500强中的84家企业	管理层持股，收购威胁	组织制度	黄金保护伞合约（反兼并策略）	支持
科尼克（Kosnik，1997）	实证主义代理理论	110家大公司	外部董事比例，外部董事持股比例	领导权	绿票讹诈成本（反收购策略）	支持
拉尔等（Lal et al.，1989）	委托代理理论	世界500强中一家电脑公司的销售代理	环境的不确定性	隐藏行动	工资与津贴补偿	津贴激励中的工资应随着销售环境不确定性或销售人员风险规避的增加而增加
奥利弗和韦茨（Oliver and Weitz，1991）	委托代理理论	100多家公司367问卷次调查	销售人员风险偏好	隐藏行动	销售人员动机，工资偏好	风险规避的销售人员偏好低层次的激励报酬，但感知的不确定性对报酬偏好影响有限

续表

作者	研究方法	分析样本	自变量	相关理论	因变量	观点或结论
泰勒尔等（1998）	代理理论	世界500强中一家电脑公司的销售代理	竞争价格，专卖区域	双代理人的隐藏行动	委托人利润	当所有代理人都是风险规避时，委托人对代理人之间竞争的限制会减少其利润
卑尔根等（Bergen et al.，1998）	代理理论	54家零售店	风险中性，潜在机会主义	双代理人的隐藏行动	委托人利润	当所有代理人都是风险中性时，代理人具有较高的机会主义，委托人对代理人之间竞争的限制会减少其利润
莱弗勒（Leffler，1991）	代理理论	105家美国大企	产品质量	重复隐藏行动	委托人短期与长期利润	委托人对代理人高质量产品的额外酬金会形成代理人努力激励

资料来源：根据辛格等的论文整理。

合谋行为是造成一个组织激励扭曲、效率低下的根本的原因。如何设计一个防止合谋的激励机制是经济学，政治学和行为科学共同面临的重大课题。它应该借助于经济近几十年发展起来的科学方法论和分析框架，同时结合行为科学和政治学的基本原理和理论成果。

1.2.2 国内研究状况

1. 关于代理理论与合谋理论在我国建筑市场领域的运用研究

国内相关文献主要是讨论代理理论与合谋理论在我国建筑市场领域的运用，或者说运用代理理论与合谋理论解释我国建筑市场存在的各种现象并试图解决我国建筑市场中存在的问题。我国已有的对建筑工程监理的文献可分为三个层次。

首先，宏观层次——政府与建筑监理的关系。研究在经济转型期的政府与监理企业的关系。马纯杰（2005）从政府行政管理和市场因素等方面对强制性监理制度所面临的问题进行了分析，认为我国的强制性监理制度不应取消但需改进，并提出了改进强制性监理制度的框架、理由和措施。严玲、赵黎明（2005）分析了政府投资项目双层多级委托代理链和两个层次中的代理人问题，探讨了第一层次是从公众到政府代理中对公共权力约束的问题以及第二层次委托代理关系中，政府代理人对项目业主和项目执行团队的约束，并指出代建制实际上是以业主市场代理模式代替业主行政代理模式。李世蓉（2008）等分析我国现在政府质量监督存在的问题，并采用一个多方多阶段博弈模型进行分析，指出我国政府监督机构的改革应走市场化道路，政府对建设工程的质量应进行分类监督，并创造条件逐步实现市场化运作。

其次，微观层次——建设监理人或监理企业本身。这些研究运用马斯洛需求理论、行为科学、人力资本相关理论，对监理企业的需求与激励方式进行研究。苏咏（2000）根据马斯洛需求理论，提出对我国建筑监理人员进行的激励可以从以下四方面做起：满足监理人的物质需求和安全需要、进行情绪激励和完善精神激励模式。沙凯逊（2004）从博弈论和信息经济学的角度，研究国有建设监理企业的激励机制改进问题，提出解除国有监理企业不对等竞争、加快建设监理法规和技术标准工程造价体制改革、进行建设项目管理体制改革、建立和完善建设法律法规和技术标准体系等若干建议。宋全禄（2000）从建设监理的定位与规范建设市场管理的角度，就如何建设好和管理好监理队伍以及怎样提高监理素质做出了积极的探讨。

最后，中观层次——对建设市场主体之间的利益冲突与激励机制的分析。该领域多数研究是从经济学的角度，探讨市场均衡以及业主保障自身利益的激励机制：工程招投标，业主与监理单位及业主与承包商之间的委托代理关系等都是这一层次关注的中心。汪贤裕、颜锦江（2000）认为，在道德风险问题的委托代理关系中，委托人对代理人行动的监督与对自然状态的观测所起的效果是等价的，并在考虑到委托人对自然状态的观测成本的基础上，提出了“状态观测模型”，并对信息不对称问题做了贝叶斯分析，讨论了不同观测力度对代理人努力水平、风险成本和代理成本等的作用，同时，还给出了委托人愿意对自然状态进行观测的条件——“愿意观测集”。唐清泉（2001）认为，激励、监控与报酬契约直接影响着企业的经营业绩，但在信息不对称下，它们的关系非常复杂。通过建立数学模型将报酬契约与代理人的风险厌恶、环境风险、产出分享份额、监控信号等联系起来，以探讨如何将激励机制与监控机制同时纳入报酬合同的设计中。该模型所得出的几个结论有助于从另一个角度去设计和改进现行的报酬激励机制。王孟钧、王艳（2001）等从业主与监理企业、承包商之间的委托代理关系出发，分析了监理企业与承包商的博弈模型，并在此基础上建立激励机制，以促进监理企业和承包商认真监督和努力工作，使工程建设符合业主利益，从而实现项目预期目标。王艳、黄学军（2003）采用博弈论的方法对工程质量监控进行了分析，通过构造单阶段和多阶段的博弈模型，得出博弈双方的均衡战略，以及某些关键因素（如监理单位对承包商的惩罚系数及监督成本，承包商的骗费额等）对博弈双方的影响，提出了减少工程质量事故发生的建议。王晓州（2004）认为，建设项目业主与承包商之间的经济关系集中反映在信息的不对称性与契约的不完备性，二者之间具有严格经济学意义上的委托代理关系。通过建立委托代理关系模型，借鉴现代企业制度的分析方法，分析建设项目委托代理关系运行规律和基本特征，有利于帮助我们认识和分析建设项目管理中的重大问题，特别是建设项目激励与约束机制设计。秦旋（2005）运用博弈论中的“委托代理理论”，对工程监理制度下的业主与监理企业之间的委托代理关系进行了分析。根据不同的假设条件构造了业主与监理企业之间的两类委托代理博弈模型，在此基础上分析了两博弈方（业主和监理企业）的选择和行为，指出设计合理的监理合同（激励合同）能抑制在不对称信息环境下的道德风险，为我国监理制度的健康发展提供了有益的启示。项勇、任宏（2005）提出信息不对称情况下，业主在工程监理过程中承担着监理方带来的道德风险，分析了监理委托中信息不对称造成的利益冲突，通过数学模型探讨了将激励和监控机制纳入到工程监理委托合同设计中，如何设计和改进监理委托合同中的监理报酬的设计。田盈（2006）等从建筑市场中开发商、监理企业与承包商三位主体之间存在着复杂的委托代理关系出发，通过对这种特殊的委托代理关系的分析，构造了两个不完全信息动态博弈模型，并对这两个模型进行了比较分析。结果表明，如果开发商只支付监理企业固定费用，监理企业将采取弱力度监督，只有当开发商给予监理企业适当激励时，监理企业才会采取强有力的监督。并在此基础上，得出了开发商对监理企业的有效激励机制，以促使监理企业和承包商努力工作，从而实现开发商预期目标。孙伟（2006）等针对建筑工程项目中业主与监理在合同履约阶段由于信息不对称而产生的道德风险问题，用信息经济学中的委托代理理论研究业主对监理的激励机制，设计出业主对监理在合同履约阶段的最优激励点。郭南芸（2008）通过对建筑市场委托人—代理人—监督人的代理模型分析，认为对监理报酬进行激励机制设计，如提高串谋的发现概率，加重串谋的惩罚额度，增加串谋的交易费用，可降低建筑市场的串谋行为的发生。

2. 关于监理人行为研究

国内关于监理人行为的研究，相对于国际水平而言，水平比较低，属于学习消化阶段，概括起来主要内容在以下两个方面。

关于监理人行为效应研究。关于监理工作的内容，卫建军（2007）提出建设监理应该是全方位全过程的监理，而不能仅限于施工阶段监理的主张。蔡启跃（2007）结合工作实际，探讨了监理人在施工阶段中投资控制的主要内容和具体控制措施。王学平、冯俊（2007）结合监理人的工作实践，分析了施工安全危险源，讨论了控制施工安全的方法和手段。易湘湄（2008）从监理机构进行工程项目勘察阶段的目标管理角度出发，结合我国工程建设管理方面的基本国情，根据监理机构的工作内容和特点，探讨了监理机构在建设项目勘察阶段质量控制的措施和方法。全丽君、吴鹏程（2006）讨论了工程监理在项目建设的各阶段通过科学的管理和有效的控制来实现业主控制工程造价的目标的方法。黄家龙（2005）指出，由于法制环境、市场机制不健全等因素，建筑市场仍然存在着无序竞争，监理人服务的价值也存在潜在的贬值倾向，监理人的服务价值只有依靠市场有序的竞争，发挥监理的品牌优势，才会通过“三控制、二管理、一协调”的监理服务使建设方的投资得到“升值”。

关于监理人行为成因与调控对策研究。杨太华、郑庆华（2009）运用寻租博弈理论讨论了政府质量监督机构、监理机构与承包商的寻租博弈模型及其均衡解的经济学意义，并提出了提高建设项目管理水平和工程质量的措施和建议。唐春梅、王凤岐（2007）针对监理业存在的问题，提出政府必须从分析监理形势、监理责任、监理队伍素质、加强监理的监督管理等方面进一步完善我国的监理制度的建议。侯建军（2005）探讨了公路建设中业主、监理、承包商的行为规范。韦志立、王韶华、胡俊江（2004）分析了建设监理规范的体系和制定监理规范的原则，讨论了水利工程施工监理的主要内容。邢丰才（2005）指出，要提高对实施项目监理的重要性的认识，正确理解与明确业主与监理、承包商与监理的关系，正确认识工程质量与工程建设各方的关系，加大对建设监理人员的培训力度，严格培训措施，规范监理市场。凌小晨（2006）针对《建设工程委托监理合同（示范文本）》（GF-2000-0202）文本规定，提出了监理人责任中的过失责任，不承担责任和不作为责任三种情况，提出监理人只有在监理实践中运用与执行合同文本委托人与监理人双方的义务、责任和权利，按照合同条款规范自身的行为，维护自身的正当权益。刘家贵（2007）指出，施工工程实践中，存在并非只是总监才拥有指令实施工程变更的权力，包括建设单位在内的共同体内的相关职能部门也拥有、甚至更拥有权力，而且可以不通知、不通过监理人的事先认可，这种现象违反了《建设工程监理规范》（GB50319－2000）第6.2.3条的规定：“在总监理工程师签发工程变更单之前，承包单位不得实施工程变更。”这不仅影响了监理人的形象、威信和地位，相对于监理单位，这还意味着监理工作将流于形式。我们从监理人的行为效应与行为成因两方面梳理了近年来我国学者对建设监理人行为的研究，如表1－4所示。

表 1－4　近期我国关于监理人行为研究

	专题研究	行业研究	个案研究
监理人行为效应	1. 监理人应该从全局的角度对工程进行监理，这对建设项目的质量控制、效益等有着积极的影响 2. 监理人需注重监理的细节，如坚持风险分析与过程动态控制方法、每日监理内部例会制度和对监理进行有效的监督等，这可以及时合理地对工程建设作出调整，从而完成其对工程的有效监理 3. 监理人需在监理过程中不断地学习，提高自己的业务水平，同时加强与有关部门的合作，这可以加强对项目质量、进度等的有效控制	1. 建设监理人对工程项目的监理须具有全局性，即无论从建设项目的各个阶段的角度，或是从建设项目的各个细节的角度来说，监理人需要对建设项目有个纵横向的全方位的监理，这不仅有利于提高建设项目的工程质量，也可以节约投资 2. 监理人必须注重在施工过程中的安全，建设工程最重要的三方面“质量、工期、投资”是否达到预期目标，和安全与否是分不开的 3. 监理人与承包商的博弈行为，会影响项目业主的投资情况 4. 监理人应加强其协调能力，如处理好项目业主、施工人等之间的关系，这有利于确保工程顺利地进行 5. 监理人不仅需在施工阶段对工程进行监理，还应在勘察阶段对工程有一个全方位的了解，这有利于监理人对项目业主提供科学的咨询，从而对项目进行有效的监管 6. 监理人应该针对不同的工程特点选择不同的合同方式，这有利于控制工程造价、降低工程成本	1. 监理人对工程的控制，需要从“规范化、科学化、标准化”着眼，且须具备高度的责任心和认真负责的态度，方能确保工程的工期、造价、质量得到有效的控制 2. 监理人在监理过程中应敢于实践，大胆尝试，总结出切实可行的方法以节省投资 3. 监理人在审查施工招标文件时将合同工期压缩一段时间，这可以使实际工期得到有效的控制 4. 监理人应该注重自身的调节作用，积极解决工作中出现的问题，营造良好的施工环境，可以有效地控制工程建设的质量、投资等 5. 监理人在维护业主利益的同时，也不能完全听命于业主，检查施工单位是否按规定的要求去完成施工，同时维护施工方的合法权益，做到公平、公正，这都有利于工程的顺利进行

续表

	专题研究	行业研究	个案研究
监理人行为成因	1. 加强市场管理、监理人与施工单位办公地点分开、为监理人配备齐全的办公设备等外部环境都将对监理人的监理行为产生积极的影响 2. 市场全球化、国际化在给我们带来新技术的同时，会对国内监理行业产生冲击，这对我国监理行业的发展起到了阻碍作用 3. 项目业主要重视监理人的作用，如加强对其的信任，使其能够独立自主地工作，也可相应提高监理费，加强监理人工作的积极性 4. 对监理人实行必要的督察，可以改进监理人的监理方法，提高其监理水平	1. 就政府方面来说，其和监理人明确各自职责，同时加大执法力度、完善监督体制，不仅有利于监理人对项目达到更好的管理，且有利于规范监理人的行为 2. 就项目业主方面来说，①其对监理人行为正确的认识，即监理人不能一味地维护项目业主的利益，而需在“公正、客观、科学”的前提下开展自己第三方的工作，同时加强对监理人的信任都可以加强监理人工作的独立性。②项目业主对监理人的认识不要仅局限在其对工程的质量控制上，而应注重其在其他方面对工程的监理，如造价的控制，这有利于监理人发挥自己应有的职能。③项目业主不应把雇用监理人当作一种强制的行为，进而片面地压低监理费用，这不利于监理人积极地工作 3. 就施工方来说，其不应把监理人的地位定位在听命于业主的地位上，这会给监理人在工作中带来不必要的麻烦 4. 就信息收集成本方面来说，较低的信息收集成本可以提高监理人的工作时间 5. 就外部环节来说，完善的市场经济和法规制度等，可以加强监理人行为的自主性，也有利于提高监理人的监理水平	1. 业主的以下做法可以提高监理人的监理效率：①将委托监理的内容作具体化的处理。②与监理人签订责任书，明确其职责，且规定双方应对哪些违规事项负责。③确定适合不同项目的监理理念，对监理人员进行培训。④对监理任务实行定期或不定期的检查。⑤注意与监理人的沟通，使其敢于放手大胆地工作。⑥提高监理人的待遇 2. 从监理环境方面讲，合理地组织机构、监理人服务范围和内容的有效规划等，可以使监理人的监理行为更加规范化

资料来源：根据刘家贵，王风岐等的论文整理。

1.2.3 简要评述

上面的分析表明，国内外关于监理人行为的研究，已经取得了巨大的成果，对监理人行为的应然状态研究已非常充分，并已得到广泛认可。比如，监理人的行为应涵盖工期控制、成本控制、质量控制、安全管理等方面的内容；监理人行为基本依据应为 FIDIC 标准的土木工程施工合同条件；监理行为人必须具备的职业素养；监理人在执业过程中应采用的工具、手段和方法；监理人行为应达到的绩效标准等，这些成果是本书进一步研究的基础。但是，监理人行为实然状态的研究则还有很大的空间。研究者对监理人行为实然状态的研究从两条相反的线路进行。一条是从一般到特殊的线路，即从对一般代理人行为研究出发，将代理人行为的基本模型具体为作为特殊代理人的监理人行为模型。代理人行为的基本模型已研究得非常成熟，但对监理人行为模型的研究则很不充分。另一条线路是从特殊到一般的路线，即从对特殊形态的监理人行为研究出发，抽象出一般的监理人行为模型。对监理人行为个案研究、特殊性研究非常多，已积累了大量的经验材料，但抽象出监理人行为模型的目标远未达到。两条相反线路的研究都指向了同一个目标，但是没有实现胜利“会师”，均未构建出建设监理人行为模型，而构建这样一个模型就是本书所要做的工作之一。

1.3 研究价值

本书研究的基本目标是：构造建设监理人行为的理论模型，并提出基于监理管理的建设工程的质量约束机制的基本思路。这一工作同时具有重要的理论价值和实际应用价值。

1.3.1 理论价值

(1) 扩展委托代理理论的应用范围。课题将结合委托代理理论与人力资源管理理论，分析建设监理人行为的价值取向，机会主义行为本身以及由此导致的后果，从而拓展代理理论的运用范围。在对建设监理人行为的经验观察中，研究者可以感觉到监理人有着严重的机会主义行为，也可以直接观察到某些因素对监理人机会主义行为的生成有重要影响，但本书试图从理论上建立监理人机会主义行为模型，试图为研究如何控制监理人机会主义行为，优化监理人行为提供一种重要的理论工具。

从表1-2中可以看到，监理人作为代理人的一种特殊形态，其行为尚未纳入代理理论的比较系统的研究范围。本书将监理人行为研究纳入到委托代理理论的应用范围，扩展了这一理论的应用领域。

(2) 将监理人行为研究由感性认识层次深化到理性认识层次。当前理论界对监理人行为的研究主要是个案研究、行业研究、专题研究，表1-3是对近期我国关于监理人行为研究的一个归纳。从表1-3中可以看出，总体来说，属于收集和整理材料阶段，其主要工作是描述现象，总结经验，尚处于感性认识层次。本书试图从监理人行为的各种分散现象中，抽象出一般的本质特征，构造建设监理人行为的一般理论模型，从而将对监理人行为研究深化到理性认识层次。

1.3.2 实际价值

(1) 为剖析实际工作过程中所存在的建设监理人机会主义行为提供理论工具。在对建设监理人行为的经验观察中，研究者可以感觉到监理人有着严重的机会主义行为，也可以直观地觉察到某些因素对监理人的机会主义行为的生成有重要的影响，但这些影响因素与机会主义行为之间的联系处于一种“黑箱”状态。建设监理人行为模型打开了这一“黑箱”，从而为利益相关者研究和控制监理人的机会主义行为提供了一种重要的理论工具。

(2) 为优化建设监理人的行为提供理论指导。监理人行为作为模型中的被解释变量，受模型中的解释变量的调节。优化监理人的行为是通过调节和控制模型中的解释变量实现的。因此，模型所揭示的监理人行为与各解释变量之间的关系，为利益相关者为优化监理人行为所进行的制度安排和政策设计提供理论支持。

1.4 研究思路和方法

1.4.1 研究内容

(1) 研究监理人行为的前因变量与结果变量，厘清不同环境对建设监理人行为不同的影响层次，判定建设监理人行为影响因子权重，评价监理人现实工作环境，构建监理人行为指标体系，构建监理人绩效指标。

(2) 以建设业主的利益作为评判监理人行为合理性的标准。运用委托代理理论与行为理论研究建设监理人理想状态行为的条件及理想状况下的监理人生产函数，目标激励函数是研究监理人机会主义行为的参照，为监理人机会主义行为的研究提供价值评判。

(3) 分别研究监理人的两种机会主义行为。包括监理人偷懒行为产生条件、生成机理与监理人偷懒防范；“内部人”控制，独立性缺失与监理人合谋行为的产生，基于监理人信息结构合谋分析；监理人声誉与合谋瓦解机理等。

(4) 监理人行为影响因子的实证检验，包括行为影响因子的选择与假设的提出，假设检验，指标编制与描述性统计及检验结果；监理人行为绩效研究，包括检验思路、假设、方案、项目分析等，监理人行为绩效的结构方程模型分析，基于模糊识别的监理人行为绩效评价。

(5) 建设监理人行为优化研究。在模型研究与实证检验的基础上，依据建设监理人行为被解释变量与解释变量的关系，对影响建设监理人行为的负因子加以改造，为抑制建设监理人机会主义行为提供科学依据。

1.4.2 研究思路

研究思路包括三个步骤：①构建监理人理想行为与机会主义行为模型；②检验建设监理人行为影响因子与监理人行为绩效；③分析现实环境与理想环境之间的差距，对监理人行为作出评价，提出优化建设监理人行为的对策建议。本书研究思路如图1-2所示。

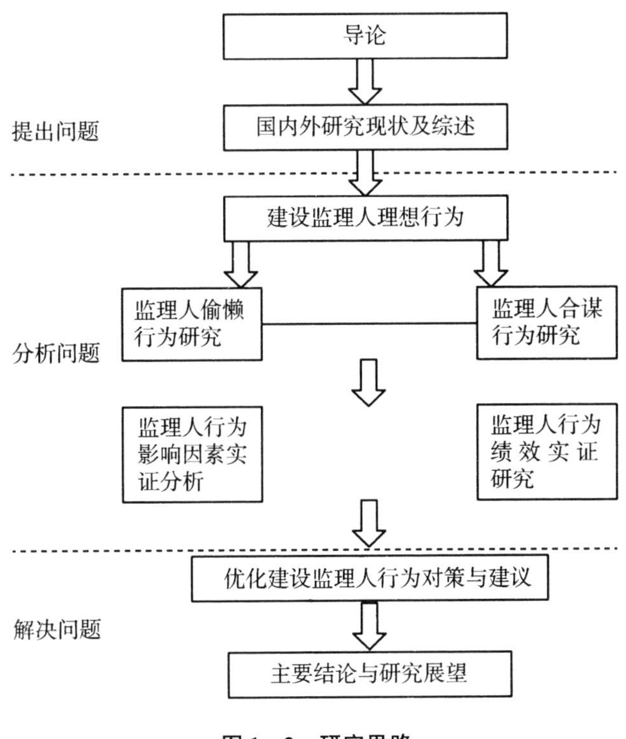

图1-2　研究思路

1.4.3 研究方法

(1) 定量分析方法。运用主成分分析法、层次分析法和模糊分析法来确定影响建设监理人行为的因素，并通过建立指标体系来评价建设监理行为绩效。本书采用均衡分析法，从生产函数和激励方程两个维度讨论监理人的行为决策，具有双向性的特征。监理人的行为通过生产函数内生出激励，反过来，激励调节监理人的行为，从而将激励由外生变量转化为内生变量。

（2）定性分析方法。运用个案分析法，依据建设监理人的个案访谈与调查，运用归纳和演绎方法揭示诱致建设监理行为合规的基本规律；运用问卷调查方法掌握建设主体各方对建设监理人行为评价的客观数据；运用比较方法对建设监理人行为的理想状况与现实状况进行比较分析。

（3）实证分析与规范分析相结合的方法。实证分析回答以下两个问题：①以监理人行为作为解释变量，回答监理人行为与建设工程的关联性问题；②以监理人行为作为被解释变量，回答各影响因子与监理人行为的关联性问题。规范分析以业主利益最大化作为价值评判标准，为实证分析提供参照。

1.4.4 章节安排

第1章，绪论。介绍论文的选题依据，对国内外研究状况和水平进行评述，阐述论文的研究价值，对研究内容、思路和方法做出总体安排。

第2章，建设监理人行为研究的理论基础。本书研究的理论基础主要有三个重要的理论：委托代理理论，组织理论，控制论。

第3章，建设监理人理想行为研究。构建建设监理人行为研究框架，以建设工程原始业主视角构造出监理人生产函数，分析监理人理想的行为条件。

第4章，建设监理人偷懒行为研究。首先分析监理人行为的理想状态向偷懒的转化；其次讨论建设监理人生产函数和监理人激励方程；最后采用均衡分析法，讨论建设监理人偷懒行为抑制。

第5章，建设监理人合谋行为研究。首先分析监理人行为的理想状态向合谋的转化；其次构造建设工程业主，监理人与承建人的合谋模型；最后分析抑制建设监理人合谋的各种可能途径。

第6章，建设监理人行为影响因子的实证检验。本章主要从微观角度研究影响建设监理人行为的因子，并对监理人行为的影响因子进行实证检验。

第7章，建设监理人行为绩效的实证研究。本章研究建设监理人行为的有效性，即建设监理人行为对建设工程产出影响的分析。

第8章，建设监理人的独立性问题——基于国有工程的分析。指出我国国有建设工程中监理人独立性的特定影响因素，分析建设监理人权利与责任失衡的原因，在此基础上，提出完善建设监理人独立性的建议。

第9章，建设监理人行为的伦理治理。阐述植入“道德敏感性因素”对道德风险的抑制以及道德敏感性因素对监理人的行为约束，论述责任伦理对建设监理人行为的约束。

第10章，研究结论与展望。概括全文的研究结论、创新点，以及进一步的研究展望。

第2章

建设监理人行为研究的理论基础

本章讨论建设监理人行为研究的理论基础。这些基础理论主要有三个：委托代理理论，行为理论与控制论。委托代理理论是从宏观上研究基于监理人—业主—承建人三角关系下监理人行为的理论基础。行为理论是分析监理人行为影响因素的微观理论基础。控制论则是解析监理人工作的理论范式。下面，分别对这些理论予以讨论。

2.1 委托代理理论

建设监理人行为的研究源于委托代理理论，委托代理理论旨在利用经济学工具，通过数学模型来研究建设监理人的代理行为和行为治理问题。

2.1.1 委托代理框架下的监理人

委托代理关系起源于“专业化”的存在。一方面，生产力发展促使分工进一步细化，由于知识、能力和精力的局限，权利的所有者不能行使所有的权利；另一方面，专业化分工产生了一大批有精力、有能力的专业代理人，代理行使被委托的权利。由此产生一种这样的必要，代理人由于相对优势而代表委托人行动，从而形成委托代理关系。所谓委托代理关系，是指委托人和代理人之间的一种责任、风险分担和收益分享关系。用詹森和梅克林的话说，委托代理关系是“一种契约，在这种契约下，一个人或更多的人（即委托人）聘用另一个人（即代理人）代表他们履行某些服务，包括把某些决策托付给代理人”。[①]

社会经济活动之所以广泛采取委托代理方式，是因为这种方式可以带来巨大的潜在收益。这种潜在收益来源于两个方面：一方面是分工效果。分工效果是指具有不同天赋或技能的两个或两个以上的经济主体通过分工而获得的超额效用（福利）。另一方面是规模经济。规模经济是指经济主体随着所参与的经济活动的规模增大而获得的边际收益的增加超过其边际成本。例如，拥有财富但没有经营才能的资产所有者，把自己的资产委托给具有专门知识和才能的经营者（董事、经理人员），他所获得的收益可能比他自己经营管理所得更高，而专业经营者受多个资产所有者的委托，一方面可以扩大资产经营规模从而达到规模经济，另一方面可以以自己的专业知识和才能而获得较高的收入。这便是资产所有者和经营者之间分工而产生的分工效果和规模经济。

委托代理方式能产生巨大的收益，在理论上已得到充分证明，在实践上也被反复证实。20 世纪 30 年代，美国经济学家伯利和米恩斯因为看到了这种巨大的潜在收益，洞悉企业所有者兼具经营者的做法存在着极大的弊端，于是提出“委托代理理论”（Principal-agent Theory），倡导所有权和经营权分离，企业所有者保留剩余索取权，而将经营权利让渡。“委托代理理论”早已成为现代公司治理的逻辑起点。随着现代大生产的发展，社会化分工渗透到社会生活的各个领域，推动了不同经济主体之间的委托代理关系的发展。例如，诉讼人将诉讼事务委托给具有专业知识的律师，从而产生了诉讼人与律师之间的委托代理关系；政府将国有资产的经营权交给国有企业的经理；投保人与保险公司之间的关系也可以看作是一种委托代理关系。

监理人这种特殊类型的代理人的出现，正是工程建设领域中委托代理

---

① 詹森，梅克林．企业理论：管理行为、代理成本与所有权结构．陈昕，陈郁编．所有权、控制权与激励［M］．上海三联书店，2007：1～84.

方式蕴含的潜在而巨大收益的驱动。在16世纪之前，在建筑业形成较早的欧洲各国，建筑师就是总营造师，受雇于业主，集设计、采购工程材料、雇用工匠、组织管理施工等事务于一身。进入16世纪以后，欧洲兴起了花型建筑，立面也比较讲究，于是在总营造师中分离出一部分人搞设计，一部分人施工，形成了第一次分工，即设计和施工的分离。这种分离是业主对建筑监理需求的起因。最初的建设监理思想是对施工加以监督，重点又在于质量监督，替业主进行工程量计算和验方，即实地丈量完成的分部分项工程量。这时，设计和施工仍属于业主，项目建设属自营方式。

18世纪60年代，美国兴起了产业革命，大大促进了欧洲城市化和工业化的发展进程，大兴土木使建筑业空前繁荣。新的生产便要求有新的生产关系与之相适应，于是出现了设计、施工与业主的分离，它均以“独立者”的姿态出现在建筑市场上，这是建筑业中第二次分工的形成。业主也产生了对设计和施工进行监督的新的需求。

19世纪初，建设领域的商品经济关系日趋复杂。为了维护各方利益并加快工程进度，以及明确业主、设计、施工三者的责任界限，美国政府于1830年以法律手段推出了总包合同制，从而导致了招投标交易方式的出现。随着科学技术的不断发展，建设项目的规模也不断扩大，业主对项目的功能要求也不断增加，如要求轻便、采暖、通风、隔音、空调、垂直运输、供电等，于是设备、材料的品种、规格、数量相应增加，使设计队伍进一步细分为建筑、结构、机械、动力、装饰、设备、电气等专业队伍，同时施工领域队伍也日趋专业化，其技术不断提高，于是形成了众多的专业承包商。总承包商便把大部分施工任务分包给专业承包商完成。总包合同制持续到20世纪50年代，是欧美发达国家所采用的主要经营方式。

但是，科学技术的进步和科学技术的发展，暴露了上述传统经营方式的不足。第一，在传统的经营方式中，项目的概预算是由设计师完成的。由于设计师所受的正规教育内容不是概预算，故他们进行概预算便显得力不从心，成本预算不准，反过来又影响了设计的质量，且常常拖延工程发包，导致以后的合同纠纷。况且，一般的设计人员由于缺乏施工经验，施工方法便会存在许多缺陷，故而难以对质量、进度、投资都进行良好的控制。第二，承包商常常制订理想的工程进度计划及资源供应和使用计划，不能应变。他们缺乏成本控制系统，缺乏良好的管理经验。加之施工企业的经营活动风险极大，使施工企业往往经营失败而导致破产。第三，传统的经营方式采用线性的经营方式。设计完成后才进行招标承包，工程发包之后再进行施工，故建设周期过长，这必然受通货膨胀的冲击，使投资失控。综合上述问题，业主从投资者的利益出发，必须加强监督与协调。然而大多数的业主却无此能力，于是他们便求助于咨询，促使咨询服务业迅速兴起，形成一支越来越大的监理队伍。

实行监理以后，业主得到了极大的收益。第一，他们力不从心的局面得以扭转，监理人可为他们分忧。第二，监理人的参与，使设计、招标、施工搭接进行成为可能，大大缩短了建设时间。第三，监理人以其雄厚的智力和技术优势参与项目管理，强化了概预算工作，把住了设计和施工关，使投资和质量均与进度一样，得到了有效控制。监理人在为业主创造收益的同时，自己也分享相应的收益。由于从事监理活动，风险并不大，利润又很可观，于是在利益的吸引下，监理的市场需求日益扩大，促成了监理人队伍的增大和监理制度的形成。许多施工企业把开展监理活动看成是降低经营风险的方式之一，许多设计也把进行监理服务作为多元化经营和企业发展的战略内容之一，同时又将其作为提高设计水平和设计质量的措施之一。于是，监理人队伍便主要地从设计单位和施工单位中派生出来。

工程规模的扩大和复杂化，促进了监理制度的发展。因为一个建设项目是一个大系统，其又分为许多子系统或更小的系统，这使得投资、进度、质量等目标控制变得十分困难。如果没有能够认识到建设和管理全过程及其相互关系，智力密集型企业为业主单位进行管理，业主单位无论如何是担当不起这个控制重任的。在政府投资兴建的工程项目中进行建设监理，有力地促进了监理制度的发展。公共工程支出在许多国家中都占有很大比例。在美国，这个比例达到5%～35%。自20世纪60年代末70年代初，监理在许多大的工程和国防工程中应用，取得了很好的效果。

2.1.2 委托代理的成本

委托代理在创造巨大收益的同时，也带来了代理成本。关于代理成本的概念，詹森和梅克林的解释是："如果委托代理关系的双方当事人都是效用最大化者，就有充分理由相信，代理人不会总以委托人的最大利益行动。委托人通过对代理人进行适当激励，以及通过承担用来约束代理人越轨活动的监督费用，可以使其利益偏差有限。"另外，在某些情况下，为确保代理人不采取某种危及委托人的行动，或者，若代理人采取这样的行动，保证委托人能得到补偿，可以由代理人支付一笔费用（保证金）。然而，对委托人或代理人来说，在费用为零时，要确保代理人作出按委托人观点来看是最优的决策，这一般是不可能的。在大多数代理关系中，委托人和代理人将分别承担正的监督费用和保证费用（非金钱方面的和金钱方面的）。同时，对委托人来说，代理费用还存在于目标偏差中。委托人与代理人存在各自独立的目标函数，代理人决策目标与委托人决策目标之间会存在偏差，委托人的福利将会因为该偏差而遭受剩余损失。因此，代理成本由监督支出、保证支出与剩余损失构成。

由于代理人是一个具有独立利益目标的经济人，他的行为目标与委托人的目标不可能一致，目标的不一致使代理人有可能采取使自己利益最大化而不是委托人利益最大化的行为。在信息不对称条件下，代理成本的产生是不可避免的。代理成本在本质上属于交易费用，威廉姆森从经济人的视角出发，在交易费用的层面上对代理成本问题进行了解析。他将交易费用的产生归结为有限理性和机会主义行为。

有限理性是指经济主体在主观上追求理性，但在客观上只能有限地做到部分理性的行为特征。即是说，通常人们经济活动的动机是有目的、有理性的，但却是在有限的条件下的理性行为。有限理性导致的一个后果是信息不对称和信息的获得是有成本的。如果信息对称，或者即使信息是不对称的，但信息可以无成本获得，即使委托人和代理人的目标函数不一致，也可以签订一个完全契约来解决代理问题。既然人们的理性是有限的，交易当事人不能完全搜集合约安排的相关信息，也不能预测未来各种可能的变化，从而无法在事前将各种可能的变化完全讨论清楚并写入合约条款之中。因此，合约总是不完全的。在这种情况下，交易当事人也许要耗费资源选择某种仲裁方式，以便在发生不测事件、双方出现分歧时，能够合理地加以解决，而这必须增加交易成本。正如威廉姆森所说："理性有限是一个无法回避的现实问题。因此，需要正视为此所付出的各种成本。这包括计划成本、适应成本，以及对交易实施监督所付出的成本"。

机会主义行为是指人们在交易过程中不仅追求个人利益最大化，而且也会通过不正当手段谋求自身利益。例如，随机应变，投机取巧，有目的、有策略地提供不真实的消息，利用别人的不利处境对其施加压力等。机会主义者与谋求私利者的不同之处在于：后者是"君子爱财，取之有道"，虽然其也最大限度地追求自己的利益，但却不会食言，或有意歪曲他所掌握的信息；而机会主义者为了追求自身的利益会不择手段，在有可能增加自己利益的情况下，会违背任何戒条。例如，他会不守信用，并有意发出误导他人的信息，或者拒绝向别人提供他持有的别人需要却缺乏的信息。威廉姆森说："我说的机会主义是损人利己，包括那种典型的损人利己，如撒谎、偷窃和欺骗，但往往包括其他形式。在多数情况下，投机是一种机敏的欺骗，既包括主动去骗别人，也包括不得已去骗人，还有事前及事后骗人。"如果代理人只有自利行为而没有机会主义行为，能忠于职责，只谋求履行职责所应获取的正常收益，代理问题和代理成本也不会产生。但是，如果代理人采取机会主义行为，那他就不一定守约，而且还会见机行事，使实际结果不是按合同而是按有利于他的方向发展。此时，采取措施遏制机会主义，解决代理问题，也就有了经济意义，当然也带来了新的成本。

总之，有限理性和机会主义行为的存在，使代理人不可避免地产生"违诺"行为。这将使委托人利益受损害，从而产生代理问题和代理成本。在委托代理理论中，代理问题有两种典型的表现形式：道德风险和逆向选择。

道德风险是指交易双方在签订协定之后，其中一方利用多于另一方的信息，有目的地损害另一方的利益而增加自己利益的行为。在工程建设领域，监理人道德风险的表现是：业主与监理人签约之后，建设业主无法获取监理人努力程度等私人信息，后者从而出现偷懒、合谋等行为。

逆向选择原先是用在保险学文献中的一个概念，主要是指由于信息的不对称而导致的市场失灵。占有信息资源的主体会利用信息优势使自己受益而使他方受损，因而倾向与对方签订协议进行交易。在保险中，由于承保人无法区分不同类型的投保人，就不能对不同风险的投保人给出不同的保险费率。这样，人们的保险率在给定的价格水平上，高风险的个人将购买更多的保险，而低风险的个人将购买更少的保险，从而导致了风险承担均衡分配的无效率。

本书所重点讨论的是建设监理人机会主义行为的生成及治理机理，相应的内容将在第 4 章和第 5 章展开。

2.1.3 委托人对代理人的约束

委托代理理论所要解决的问题是在获取委托代理收益的同时，如何最大限度地减少代理成本。新制度经济学家认为，主要有两条途径：激励和约束。我们先讨论约束问题。约束主要是通过各种内、外部机制监督代理人的行为，以减少代理成本。

首先，最优监督力度。索罗（Solow，1979）、夏皮罗和斯蒂格里茨（1984）认为为防止工人偷懒，可以用较高的工资对工人实施激励。当企业无法监督工人行为时，如果工人偷懒被发现而受到解雇，工资就是其机会成本，工资与机会成本成正比。所以，较低工资会增加工人偷懒的动机。当然，委托人发现代理人偷懒通常是有成本的，委托人需要花费时间与精力并且通常还需要拥有足够的知识才能监督并发现代理人的各种行为。委托人监督成本越高，代理人越倾向于偷懒；委托人监督成本越低，代理人偷懒概率越低。

其次，契约实施机制。委托人对代理人的约束可以理解为一种契约保证机制。这种机制大致可以分为三种类型。

第一种是契约自我保证机制。在代理契约中，契约的自我保证机制主要是通过对代理人的违约行为施加一种惩罚来保证交易的进行。在私人契约中，个人是拥有一定履约资本的，如声誉、财产和强制手段等。现实世界的商业关系大部分就是依靠个人履约资本而得到执行的。代理人违约会破坏其在市场上的声誉，使其在今后交易中的困难增加，因为他人不愿同声誉不好的人进行交易，即使交易也会持更谨慎的态度，并要求更苛刻的条件。所有这些都增加了该代理人未来进行经济活动的成本。

第二种是私人作为第三方契约实施机制。即使在最简单的委托代理契约中，契约也包含着制定规则、执行规则等职能。在没有“第三者”介入的情况下，这些职能是由契约当事人来执行的，不存在明确的专业分工。但随着环境的不确定性的增强，交易对象的复杂化，契约内容的各项职能会发生分化。其中，执行规则的职能由契约外部的第三方来履行会更有效率。在契约实施机制的演进过程中，第三者的角色最初是由私人（包括个人和社会组织）承担的。第三者介入契约的实施，使契约的实施机制得以改进。第三者的出现为契约当事人进行申辩、澄清理由、交流信息提供了机会。第三者的盘问和对争论局面的控制有助于契约各方明了事情的原委。第三者集中承担契约的执行和监督职能，并向契约当事人收取“服务费”。契约当事人出让部分契约的执行和监督权利，通过支付费用换取第三方的服务。在建筑项目市场上，监理人是作为业主与承建人之外的第三者出现的。同时，业主与监理人之间也存在着一种委托代理契约，这种契约同样要由某个第三方契约机制来实现。

第三种是国家作为第三方契约实施机制。国家取代私人，作为首要的保护和实施的第三方实施机制是与市场交换不断扩大相联系的。主要原因是：①国家作为第三方契约实施机制具有强制力。青木昌彦指出：“虽然人们以拒绝购买未来服务方式可以约束私人第三方实施者重复以往的欺骗行为，但统一的中央政府拥有疆域内排他性和强制性管辖权，除非移民，否则居民无法退出管辖；即便逃离本国，别国政府也没有义务接受。而且，私人第三方实施者缺乏法律效力。相比之下，中央政府垄断了对暴力的合法使用权，实施司法裁决，并向私人征税。”②国家统一行使实施与监督契约的职能具有规模效益。当完全由私人或社会组织来承担契约履行职能，每一契约的各方都必须为此投入大量资源。从社会总量来看，这种分散投资的总规模可能远远大于国家集中投资的规模。因此，统一购买国家提供的公共性服务对各个契约当事人来说，可能更具规模经济。③国家垄断契约的强制执行可以带来丰厚的收益。

在上述多种机制中，对代理人的约束手段是多种多样的，比如：对代理人的欺骗行为进行报复；设法驱逐具有欺骗行为的代理人；与具有不诚实行为的代理人终止关系；终止具有欺骗行为的合同关系，使其承担相应的后果；传播代理人欺骗行为的信息，使其失去交易机会；对代理人的欺骗行为依法治理。外部约束最终要通过内部约束而起作用。外部约束主要通过两种方式内化为代理人的自我约束。一种是道德，代理人会因为欺骗行为引起消极的道德情感。另一种是预期，代理人预期到机会主义行为会给自己带来不利后果（如合同终止、声誉降低、承担违约责任等）而放弃或减少机会主义行为。

2.1.4 委托人对代理人的激励

现在，我们再来讨论激励。激励主要是设计一个使代理人和委托人分享剩余的激励性报酬契约，以使代理人和委托人的目标函数趋于一致，从而减少代理成本。现在假定产出是代理人努力的一个函数，则两者的函数关系可以用公式表示如下：

$$\pi = \pi(e) \tag{2-1}$$

式（2-1）中，π 是产出，e 是代理人的工作努力，$\pi(e)$ 是以代理人努力程度为唯一参数的代理人生产函数。该公式表明，不管代理人的目标函数如何，他的工作努力是可以观察到的，这样代理人就不至于损害委托人的利益。退一步，即使工作努力程度是不可观察的，但是如果产出是能够观察到的，而且产出与努力是对应关系，那么代理人的行为（工作努力程度）也可以从产出中准确地推断出来，在此情况下，委托代理问题是不容易出现的。而事实上，外部世界存在大量的不确定性和信息不对称性，因此，除了代理人的努力程度外，造成产出波动的影响因素还有很多，我们假定还存在一个外在的随机变量为 Q，则有：

$$\pi = \pi(e, Q) \tag{2-2}$$

此时，委托人很难识别代理人的机会主义行为。因为，委托人产出再无法与代理人努力程度产生必然的因果关系。假设产出不高，代理人会将原因归咎于客观环境（即随机变量 Q）的恶化，而非自己事实上的偷懒行为所致。而由于信息不对称，委托人也无法判断代理人的真实类型。

首先，我们讨论静态博弈模型。模型中考虑只有一个委托人和一个代理人的一次性签约。激励兼容约束是在非对称信息情况下起作用的，因为“强制合同”（forcing contract）无法迫使代理人选择委托人所希望的行动。选择合理的参与 与激励约束，实现代理人最大化期望效用是代理机制设计所要面临的主要问题。由莫里斯—霍姆斯特姆条件（Mirrlees-Holmstrom Condition）可得：

$$\frac{\nu'(\pi - s(\pi))}{u'(s(\pi))} = \lambda + \mu\left(1 - \frac{f_L}{f_H}\right) \tag{2-3}$$

式（2-3）中，v 为委托人效用，u 为代理人的效用，$s(\pi)$ 为代理人收入，λ 和 μ 分别为参与约束和激励相容约束的拉格朗日乘数，L 代表代理人偷懒，H 代表代理人努力工作，f_L 为当代理人偷懒时 π 的分布密度，f_H 为当代理人努力时 π 的分布密度，$\frac{f_L}{f_H}$ 为似然率（likelihood ratio）。似然率表明产出的变化在多大程度上是由于代理人努力水平的变化所导致的。似然率较高，意味着产出的减少有较大的可能性来自代理人努力水平下降（偷懒）所致；相反，似然率较低，说明产出增加更有可能来自代理人努力水平的增加。

其次，我们讨论动态博弈模型。在静态博弈模型中，委托人必须根据可观测的行动结果来奖惩代理人，这样的激励机制可称为“显性激励机制”。但是，如果委托代理关系不是一次性的而是多次性的，即使没有显性激励合同，多次博弈的“时间”过程本身也可能会解决代理问题，这种激励机制可称为“隐性激励机制”。

假设委托人和代理人之间保持着长期的关系，双方都有足够的耐心（贴现因子足够大），鲁宾斯坦（Rubinstein，1979）和拉德纳（Ladner，1981）运用重复博弈模型证明，“当委托人有更大的把握从观测到的变量中推测出代理人的努力水平时，代理人不可能用偷懒的办法提高自己的福利”。同时，长期契约可以使代理人获得委托人的某种保证，从而降低代理人从事机会主义行为的风险。另外，非正式契约在市场成熟条件下具备替代功能，可以在正式契约不具备法律可执行力时发挥重要作用，委托人和代理人双方在特定情况下会顾及声誉效应，自觉履行双方约定。

法玛（Fama，1980）强调代理人行为受到市场竞争机制的约束。在人力资本市场充分竞争的条件下，经理人过去的经营业绩决定了其当前的市场价值。从长期看，经理人必须考虑市场对行为的约束。即使经理人没有得到来自委托人的显性激励，经理人也有努力工作的动机，因为这样做可以增强经理人在经理人市场的市场预期价值。霍姆斯特姆（1982），迈耶和维克斯（1994）等运用数理模型表达了法玛的思想，并证明在动态博弈中，隐性激励机制可以解决激励中的部分问题。这个模型是基于经理人顾及其在市场未来声誉的假设。但是事实上，经理人不可能永远不退休，总有一次是生平最后一次被聘用，所以经理人市场对经理人的约束作用只能是部分的。

2.2 行为理论

2.2.1 动机理论

动机是个体试图通过某种行为满足其需要的直接动力。它是一个人产生某种行为的直接原因，掌握动机是管理者调动员工积极性的重要因素。管理学理论认为，人的某种行为的出现必然有其动机，而某个行为动机的产生必然有其诱因，动机是行为出现的前提，而诱因是动机产生的前提。罗宾斯（Stephen P. Robbins）指出，人的需要是一种动机，而基本动机是驱使人产生某种行为的内在力量，它是由人的内在需求所引起的。同时，马斯洛、麦克莱兰等学者的内容激励性动机理论认为，需求是个体与环境相互作用的结果。之所以有人偷懒，是因为他的动机没有被激发。动机的产生必然是因为有某种需要未满足。但反过来，并不是有需要就会产生引发动机的行为，只有当人的需要达到一定的强度时，动机才会形成。激励动机学派代表人斯金纳与洛克认为，“处于萌发阶段的需求属于人的模糊与混沌的意向”；当个体急需实现该意向时，其可能会考虑借助某种工具和方法来实施，个体的需求意向由此转化为意识与愿望；在外界环境的刺激下，愿望就会转化为满足个体需求的行动动机，外在环境为需求的实现创造客观条件。也就是说，只有内部需要与外部诱因结合在一起才能产生现实的动机，并最终导致行为的发生。因此，内在需要与外部诱导是形成动机的必要条件。

2.2.2　理性行为与制度理论

理性假设是传统经济学的逻辑起点与核心概念。在经济学假设中，趋利避害是经济主体普遍遵循的原则。经济主体通过成本与收益的边际分析，权衡所从事的经济活动的利弊，并对资源进行最优化选择。斯密首次提到“经济人”自利性与社会性的双重本性。穆勒认为“经济人是以经济动机为出发点，主要是追求财富最大化，不包括那些以非经济动机为出发点的行为”。新古典经济学将斯密的“经济人”演化为“理性人”，以均衡分析为特征，并使其成为经济学的基本假设。经济人假设是传统经济学理论的基石，但这块基石并非稳固不变的。有限理性作为新制度经济学的关于人的三大行为假设之一，是经济学试图跳出新古典理性假设，致力于描述现实人类行为的一个重大突破。有限理性概念的提出改变了新古典范式的假定。从根本上讲，可以从内部制约与外部制约来概括造成有限理性的原因。对外部制约而言，正如布莱恩和其他人已经证明的“如果知识是完备的，选择的逻辑是完全的而且是必须接受的，则就不存在选择的问题，如果选择是现实的，则未来就是不可能确定的，如果未来是确定的，则选择问题不存在[①]”。西蒙（Simon）在谈论有限理性时指出，由于个体在有限时间内对信息的收集、分析与处理能力是十分有限的，这种内在制约约束了个体的理性水平。“信息成本是从一无所知到无所不知的成本，极少有交易者能够负担起这一全过程的成本，我们经常宁可保留无知，因为获取信息太昂贵了，否则的话，人类将因分析而麻痹衰亡”（Stigler，1967）。所以，个人选择的理性受到两个因素的影响，一是偏好，二是基于节约心智成本的考虑。莱宾斯坦在其 x 效率理论中指出，新古典假定人的理性是充分的，但现实中人的行为不具备充分理性，个人行为既非完全理性，也非完全不理性，而是根据偏好选择某一种理性水平。影响个人偏好的相互冲突的人格倾向有两种：一种是确立或坚持标准，努力追求最大化，这种努力是经过计算和注意细节的，莱宾斯坦称之为人格的“超我功能”，另一种倾向是“本我功能”，即个人使自我不受约束，个体不愿意（即便其能够）计算和采取理性的行为。同时，哈耶克指出，人在自发秩序面前只有有限理性，可以认识利用自然规律，但不能设计自发秩序，有限理性导致的无知使人类明白遵循抽象规则的重要性。进一步地，哈耶克认为规则源于传统，个人理性与人类漫长的实践相比，前者有限，后者无限。传统逐渐形成了当今的各种规则系统，个人遵循抽象规则进行决策也符合理性标准。

新制度经济学认为，制度与人类行为在社会历史的发展存在相互作用与塑造。约束人类行为通常是建立“自律”与“他律”的基础上的。“自律”是个体自发自愿地服从业已存在的公认制度，“他律”是凭借外部权威的指示和指令来计划和建立秩序以实现一个共同目标。前者形成自发秩序，后者形成权威秩序。

新制度经济学认为，制度能够塑造并扩展个人的有限理性。人们在不

---

① ［美］布莱恩·阿瑟（Brian Arthur）著．曹东溟，王健译．技术的本质：技术是什么，它是如何进化的［M］．浙江人民出版社，2014.

同的环境下可能有不同的行为，这种行为表象与个人的品质并没有必然的相关性，只是因为个人所处环境不同，面临的制度不同。制度无时无刻不在诱导与规范个体的选择，鼓励或抑制不同的个人偏好，塑造个体在特定环境下的行为。个体之间，个体与组织之间的长期互动与反复博弈中形成习惯，从而为社会交往提供了一种确定的结构。在明确的制度下，个体行为将更具有预见性。因此，制度扩展了人的有限理性。“制度的存在构成了不确定性世界中人们之间的相互关系，制度起因于个人在面临不确定性时所做出的努力，通过限制人们的有效选择并使行为成为可预见性，从而减少不确定性。没有制度就没有秩序，没有社会，没有国家组织”（Knight and North，1997）。

2.3 控制理论

2.3.1 控制流程

在自然科学和社会科学研究中，控制论思想和方法有着广泛的运用。控制论（Wiener，1948）是研究系统在环境不断变化条件下如何保持平衡状态或稳定状态的科学。管理人员通过纠正工作中所发生的偏差，按预先制订的计划与标准来衡量所取得的成果，并以此来实现管理目标。虽然各个控制系统都有各自的特色，但又都存在许多共性。建设工程目标控制的流程如图 2－1 所示。

由于建设工程的建设周期长，在工程实施过程中所受到的风险因素很多，因而实际状况偏离目标和计划的情况是经常发生的，往往出现投资增加、工期拖延、工程质量和功能未达到预定要求等问题。这就需要在工程实施过程中，通过对目标、过程和活动的跟踪，全面、及时、准确地掌握有关信息，将工程实际状况与目标和计划进行比较。如果偏离了目标和计划，就需要采取纠正措施，或改变投入，或修改计划，使工程能在新的计划状态下进行。而任何控制措施都不可能一劳永逸，原有的矛盾和问题解决了，还会出现新的矛盾和问题，需要持续不断地进行控制，这就是动态控制原理。上述控制流程是一个不断循环的过程，直至工程建设交付使用，因而建设工程的目标控制是一个有限循环过程。

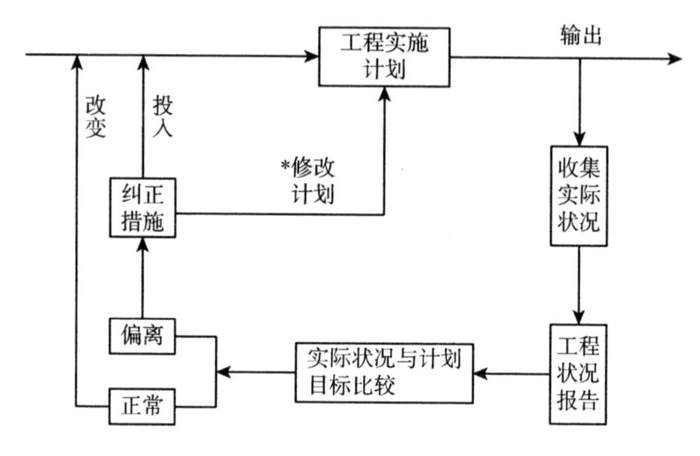

图 2－1　控制流程

注：* 代表这个过程是一个定期进行，有限循环的过程。

资料来源：作者整理。

对于建设工程目标控制系统来说，由于收集实际数据、偏差分析、制定纠偏措施等主要是由目标控制人员来完成，都需要时间。由于这些工作不可能同时进行并在瞬间内完成，因而其控制实际上表现为周期性的循环过程。通常，在建设工程监理的实践中，投资控制、进度控制和常规质量控制问题的控制周期按周或月计，而严重的工程质量问题和事故，则需要及时加以控制。

控制流程的概念还可以从动态控制的角度来理解。由于系统本身的状态和外部环境是不断变化的，相应地就要求控制工作也随之变化。目标控制人员对建设工程本身的技术经济规律、目标控制工作规律的认识也是在不断变化的，他们的目标控制能力和水平也是在不断提高的。因此，即使在系统状态和环境变化不大的情况下，目标控制工作也可能发生较大的变化。这表明，目标控制也可能包含对已采取的控制措施进行再控制。

2.3.2　控制流程的基本环节

控制流程可以进一步抽象为投入、转换、反馈、对比、纠正五个基本环节，如图 2-2 所示。对于每个控制循环来说，如果缺少某一环节或某一环节出现问题，就会导致循环障碍，就会降低控制的有效性，就不能发挥循环控制的整体作用。因此，必须明确控制流程各个基本环节的有关内容并做好相应的控制工作。

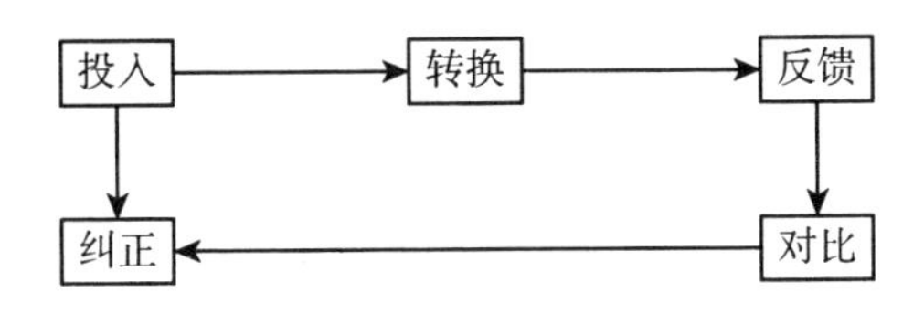

图 2-2　控制流程的基本环节

资料来源：作者整理。

1. 投入

控制流程的每一循环始于投入。对于建设工程的目标控制流程来说，投入首先涉及的是传统的生产要素，包括人力（管理人员、技术人员、工人）、建筑材料、工程设备、施工机具、资金等；此外还包括施工方法、信息等。工程实施计划本身就包含着有关投入的计划。要使计划能够正常实施并达到预定的目标，就应当保证将质量数量符合计划要求的资源按规定时间和地点投入到建设工程实施过程中去。

2. 转换

所谓转换，是指由投入到产出的转换过程，如建设工程的建造过程，设备购置等活动。转换过程，通常表现为劳动力（管理人员、技术人员、工人）运用劳动资料（如施工机具）将劳动对象（如建筑材料、工程设备等）转变为预定的产出品，如设计图纸、分项工程、分部工程、单位工程、单项工程，最终输出完整的建设工程。在转换过程中，计划的运行往往受到来自外部环境和内部系统的多因素干扰，从而导致实际状况偏离预定的目标和计划。同时，由于计划本身无可避免地存在一定问题，例如，计划没有经过科学的资源、技术、经济和内务可行性分析，从而造成实际输出与计划输出之间发生偏差。转换过程中的控制工作是实现有效控制的重要工作。在建设工程实施过程中，监理工程师应当跟踪了解工程进展情况，掌握第一手资料，为分析偏差原因、确定纠偏措施提供可靠依据。同时，对于可以及时解决的问题，应及时采取纠偏措施，避免"积重难返"。

3. 反馈

即使是一项制订得相当完善的计划，其运行结果也未必与计划一致。因为在计划实施过程中，实际情况的变化是绝对的，不变是相对的，每个变化都会对目标和计划的实现带来一定的影响。所以，控制部门和控制人员需要全面、及时、准确地了解计划的执行情况及其结果，而这就需要通过反馈信息来实现。反馈信息包括工程实际状况、环境变化等信息，如投资、进度、质量的实际状况，现场条件，合同履行条件，经济、法律环境变化等。控制部门和人员需要什么信息，取决于监理工作的需要以及工程的具体情况。为了使信息反馈能够有效地配合控制的各项工作，使整个控制过程流畅地进行，需要设计信息反馈系统，预告确定反馈信息的内容、形式、来源、传递等，使每个控制部门和人员都能及时获得他们所需要的信息。信息反馈方式可以分为正式和非正式两种。正式信息反馈是指书面的工程报告之类的信息，它是控制过程中应当采用的主要反馈方式；非正式信息反馈主要指口头方式，如口头指令，口头反映的工程实施情况，对非正式信息反馈也应当予以足够的重视。当然，非正式信息反馈应当适时转化为正式信息反馈，才能更好地发挥其对控制的作用。

4. 对比

对比是将目标的实际值与计划值进行比较，以确定是否发生偏离。目标的实际值来源于反馈信息。在对比工作中，要注意以下几点。

（1）明确目标实际值与计划值的内涵。目标的实际值与计划值是两个相对的概念。随着建设工程实施过程的进展，其实施计划和目标一般都将逐渐深化、细化，往往还要作适当的调整。从目标形成的时间来看，在前者为计划值，在后者为实际值。以投资目标为例，有投资估算、设计概算、施工图预算、标底、合同价、结算价等表现形式。其中，投资估算相对于其他的投资值都是目标值；施工图预算相对于投资估算、设计概算为实际值，而相对于标底、合同价、结算价则为计划值；结算价则相对于其他的投资值均为实际值。

（2）合理选择比较的对象。在实际工作中，最为常见的是相邻两种目标值之间的比较。在许多建设工程中，我国业主往往以批准的设计概算作为投资控制的总目标，这时，合同价与设计概算、结算价与设计概算的比较也是必要的。另外，结算价以外各种投资值之间的比较都是一次性的，而结算价与合同价（或设计概算）的比较则是经常性的，一般是一定期（如每月）比较。

（3）建立目标实际值与计划值之间的对应关系。建设工程的各项目标都要进行适当的分解，通常，目标的计划值分解较粗，目标的实际值分解较细。例如，建设工程初期制定的总进度计划中的工作可能只达到单位工程，而施工进度计划中的工作却达到分项工程；投资目标的分解也有类似问题。因此，为了保证能够切实地进行目标实际值与计划值的比较，并通过比较发现问题，必须建立目标实际值与计划值之间的对应关系。这就要求目标的分解深度、细度可以不同，但分解的原则、方法必须相同，从而可以在较粗的层次上进行目标实际值与计划值的比较。

（4）确定衡量目标偏离的标准。要正确判断某一目标是否发生偏差，就要预告确定衡量目标偏离的标准。例如，某建设工程的某项工作的实际进度比计划要求拖延了一段时间，如果这项工作是关键工作，或者虽然不是关键工作，但该项工作拖延的时间超过了它的时差，则应当判断为发生偏差，即实际进度偏离计划进度。反之，如果该项工作不是关键工作，且其拖延的时间未超过总时差，则虽然该工作本身偏离计划进度，但从整个工程的角度来看，实际进度并未偏离计划进度。又如，某建设工程在实施过程中发生了较为严重的超投资现象，为了使其总投资额控制在预定的计划值（如设计概算）之内，决定删除其中的某单项工程。在这种情况下，虽然整个建设工程投资的实际值未偏离计划值。但是，对于保留的各单项工程来说，投资的实际值均不同程度地偏离了计划值。

5. 纠正

对于目标实际值偏离计划值的情况要采取措施加以纠正（或称为纠偏）。根据偏差的具体情况，可以分为以下三种情况进行纠偏。

（1）直接纠偏。所谓直接纠偏，是指在轻度偏离的情况下，不改变原定目标的计划值，基本不改变原定的实施计划，在下一个控制周期内，使目标的实际值控制在计划值范围内。例如，某建设工程某月的实际进度比计划进度拖延了一两天，则在下个月中适当增加人力、施工机械的投入量即可使实际进度恢复到计划状态。

（2）局部纠偏。不改变总目标的计划值，调整后期实施计划，这是在中度偏离情况下所采取的对策。由于目标实际值偏离计划值的情况已经比较严重，已经不可能通过直接纠偏在下一个控制周期内恢复到计划状态，因而必须调整后期实施计划。例如，某建设工程施工计划工期为 24 个月，在施工进行到 12 个月时，工期已经拖延 1 个月，这时，通过调整后期施工计划，若最终能按计划工期建成该工程，应当说仍然是令人满意的结果。

（3）整体纠偏。重新确定目标的计划值，并据此重新制定实施计划，这是在重度偏离情况下所采取的对策。由于目标实际值偏离计划值的情况已经很严重，以致不可能通过调整后期实施计划来保证原定目标计划值的实现，因而必须重新确定目标的计划值。例如，某建设工程施工计划工期为 24 个月，在施工进行到 12 个月时，工期已经拖延 4 个月（仅完成原计划 8 个月的工程量），这时，不可能在以后 12 个月内完成 16 个月的工作量，工期拖延已成定局。但是，从进度控制的要求出发，至少不能在今后 12 个月内出现等比例拖延的情况；如果能在今后 12 个月内完成原定计划的工程量，已属不易；而如果最终用 26 个月建成该工程，则后期进度控制的效果是相当不错的。

需要特别说明的是，只要目标的实际值与计划值有差异，就发生了偏差。但是，对于建设工程目标控制来说，纠偏一般是针对正偏差（实际值大于计划值）而言，如投资增加、工期拖延。而如果出现负偏差，如投资节约、工期提前，并不会采取“纠偏”措施，故意增加投资、放慢进度，使投资和进度恢复到计划状态。不过，对于负偏差的情况，要仔细分析其原因，排除假象。例如，投资的实际值存在缺项、计算依据不当、投资计划值中的风险费估计过高。对于确定是通过积极而有效的目标控制方法和措施而产生负偏差效果的情况，应认真总结经验，扩大其应用范围，以便更好地发挥其在目标控制中的作用。

控制工作通过纠正偏差的行动与其他四个职能紧密地结合在一起，使管理过程形成了一个相对封闭的系统。在这个系统中，计划职能确定了组织的目标、战略、政策和方案以及实现它们的程序。然后，通过组织工作、人员配备、指导与领导工作等职能去实现这些计划。为了保证计划的目标能够实现，就必须在计划实施的不同阶段，根据由计划产生的标准，检查计划的执行情况。这就是说，虽然计划工作必须先于控制活动但其目标是不会自动实现的。一旦计划付诸实施，控制工作就必须穿插其中进行。它对于衡量计划的执行进度，揭示计划执行中的偏差以及指明纠正施工等都是非常必要的。同时，要进行有效的控制，还必须制订计划，必须有组织保证，必须要配备合适的人员，必须给予正确的指导和领导。所以说控制工作存在于管理活动的全过程中，它不仅可以维持其他职能的正常活动，而且在必要时，还可以通过采取纠正偏差的行动来改变其他管理职能活动。虽然有时这种改变可能是很简单的，例如在指导中稍作些变动即可；但在许多情况下，正确的控制工作可能导致确立新的目标，提出新的计划改变组织机构，改变人员配备以及在指导和领导方法上作出重大的改革。

2.3.3　建设工程监理的信息控制

建设项目监理过程中，涉及大量信息，这些信息可以依据不同的标准进行分类。下面简单地介绍下与建设监理人主要工作相关的信息分类。

1. 投资控制信息

（1）投资标准方面，如各类估算指标，工程造价，物价指数，概算，预算定额，费用定额。

（2）项目计划投资，如计划工程量，投资估算，设计概算，施工图预算，合同价著称，投资目标体系。

（3）实际投资方面，如已完成工程量，工程量变化表，施工阶段的支付清单，投资调整，原材料价格，机械台班价格，人工费，投资偏差等。

（4）对以上信息进行分析对比后得出的信息，如投资分配信息，合同价格与投资分配的对比分析信息，实际投资与计划投资的动态对比信息等。

2. 质量控制信息

（1）与工程质量有关的方面，如国家的有关质量政策，质量标准，工程项目建设标准等。

（2）与计划质量有关的方面，如工程质量目标体系和质量目标分解，工程项目信息的合同标准信息，材料设备的合同质量信息，质量控制工作流程，质量控制工作制度等。

（3）工程实际质量方面，如工程质量检测信息，材料的质量抽查检查信息，设备的质量检查信息，质量与安全事故信息。

（4）以上信息加工后得到的信息，如质量目标分解结果信息，质量控制的风险控制信息，工程质量统计信息，工程实际质量与质量要求及标准的对比分析信息，安全事故统计信息，质量事故记录与处理报告等。

3. 进度信息

（1）与工程进度有关的方面，如工程施工进度定额等。

（2）与工程进度计划有关的方面，如工程项目总进度计划，进度目标分解，过程总网络计划与子网络计划，进度控制的工作流程，进度控制的工作制度等。

（3）项目进展中产生的实际进度信息。

（4）以上信息加工后产生的信息，如工程实际进度控制的风险分析，进度目标分解信息，实际进度与计划进度的对比分析，实际进度与合同进度的对比分析，实际进度统计分析，进度变化预测信息等。

2.3.4 建设工程监理的信息控制

监理信息是监理工程师决策的重要依据。建设工程监理决策正确与否，直接影响着工程项目建设总目标的实现，而监理决策正确与否，其中重要的因素之一就是信息。建设工程监理信息控制是建设工程监理工作的核心，监理信息管理涵盖建设工程的各个阶段。其基本的环节有监理信息的收集、传递、加工、整理、检索、分发与存储。从监理企业的角度，建设工程的信息收集因介入阶段不同决定收集内容的不同。

信息控制是建设工程监理的主要手段之一。监理工程师为了控制工程项目投资目标、质量目标及进度目标，首先应掌握三大目标的计划值，它们是实行控制的依据；其次还应掌握三大目标的执行情况；并把执行情况与目标进行比较，找出差异，对比较的结果进行分析，预防和排除产生差异的原因，使总体目标得以实现。也只有充分地掌握了这些信息，监理工程师才能实施控制工作。例如，在工程施工招标阶段，应对投标单位进行资质预审。为此，监理工程师就必须了解参加投标的各承包单位的技术水平、财务实力和施工管理经验等方面的信息。

又如施工阶段对施工单位的工程进度款的支付决策，监理工程师也只有在详细了解了合同的有关规定及施工的实际情况等信息后，才能决策是否支付及支付的数量等。监理信息控制的特点包括：

1. 信息量大

因为监理的工程项目管理涉及多部门、多专业、多环节、多渠道，而且工程建设中的情况多变化，处理的方式又多样化，因此信息量也特别大。

2. 信息系统性强

由于工程项目往往是一次性的（或单件性的），即使是同类型的项目，也往往因为地点、施工单位或其他情况的变化而变化，因此虽然信息量大，但却都集中于所管理的项目对象上，这就为信息系统的建立和应用创造了条件。

3. 信息传递的梗阻

传递中的障碍来自地区的间隔、部门的分散、专业的隔阂，或传递的手段落后，或对信息的重视与理解能力、经验、知识的限制。

4. 信息的滞后

信息往往是在项目建设和管理过程中产生的，信息反馈一般要经过加工、整理、传递，以后才能到达决策者手中，因此是滞后的。倘若信息反馈不及时，容易影响信息作用的发挥而造成失误。

所以，监理信息是协调各有关方面的媒介。工程项目的建设过程涉及有关的政府部门和建设、设计、施工、材料设备供应、监理单位等，这些政府部门和企业单位对工程项目目标的实现都会有一定的影响，处理好、协调好它们之间的关系，并对工程项目的目标实现起促进作用，就是要依靠监理信息，把这些单位有机地联系起来。

第3章

建设监理人行为目标研究

经验事实表明，作为中介机构的建设监理人相对于其他类型的建设工程主体更具有机会主义行为倾向。探讨这些机会主义行为的生成机理，提出治理这些机会主义行为的思路，是本书的研究任务。但在具体展开这些研究之前，我们要在不存在机会主义倾向的假定条件下研究建设工程的监理人行为。在这种假定下的监理人行为模型，本书称之为目标模型。之所以如此，是因为本书采用先规范分析，再实证分析的研究线路。本章采用规范分析方法，讨论建设监理人行为应该怎样的问题。后面的第4～第6章再讨论建设监理人实际是怎样的问题。作出监理人不存在机会主义倾向的假定，则是由于规范分析的价值判断是建设业主利益最大化。将规范分析置于实证分析之前，是出于两个方面的考虑：一是为研究监理人的机会主义行为提供一个参照系；二是为优化监理人的行为提供一个方向。

3.1 建设监理人目标模型的假定条件

相对现实模型而言，目标模型是一种虚拟状态下的模型。在什么样的假定条件下，模型所描述的这种虚拟状态才能出现？这是本章所要讨论的问题。依据制度经济学的假说，只有在两种条件下，代理人的机会主义行为才会消失。一种条件是委托人完全理性，另一种条件是代理人具有良好的职业道德。下面，我们来讨论这两种条件。

3.1.1 建设业主完全理性

主流经济学关于完全理性假设指的是，行为人具有全知全能的本领，其决策方案可以实现最大化。如果行为人的选择没有实现最大化或最优，那么，他的行动就是不理性的。建设项目业主完全理性的假定包含三个方面的含义：①行为人是建设项目的产权主体；②行为人是经济人；③行为人拥有完全信息。这个条件可用以下等式表示：建设业主完全理性 = 产权主体 + 经济人 + 完全信息。

在人格假设中，完全理性服从经济人假设。经济人假设认为，人们的行为以个人利益最大化为目标。亚当·斯密提出了“经济人”的本质属性是实现其利益的最大化，但他未详细考察“经济人”怎样实现最大化利益目标。边际主义者证明：厂商实现利润最大化目标的必要条件是，厂商所生产的商品数量正好处于边际成本等于边际收益的交叉点上；消费者在一定的预算限制条件下实现效用最大化的条件是，消费者在他选择的每一种商品上所花费的一元货币的边际效用都相等。深思熟虑地权衡比较边际得失的个人效用最大化，作为一种人的经济行为假设，曾经是19世纪西方大部分社会科学的一个基本前提。在经济人假设条件下，个体经济主体追求利益最大化是一种天性。与一般的经济人假设不同的是，这里的行为人是全民整体，是一个联合体。因此，关于全民整体的经济人假设，实际上就是集体经济人假设。相对于集体中的个体而言，集体经济人假设与道德人假设是统一的。完全信息（complete information），是指市场参与者拥有的对于某种经济环境状态的全部知识。拥有完全信息的人具有纵向和横向方面完备的知识。在纵向方面，他可以预测未来；在横向方面，他通晓资源、交易伙伴和环境等情况。国有建设项目的初始业主完全理性假定则意味着作为国有建设项目的初始业主的全民整体是一个拥有完全信息的集体经济人。私有建设项目的业主完全理性假定则意味着私有业主是一个拥有完全信息的自然人。新制度经济学家莫里斯（1974，1976）、霍姆斯特姆（1979）等证明，在委托人完全理性条件下，代理人是不可能出现机会主义行为的。我们可以将建设业主完全理性条件下的监理人情境“嵌入”他们的理论模型中，得出相似的结论。

依据经济人假定，建设业主和监理人的期望效用函数分别表示为 $v[\pi - s(\pi)]$ 和 $u[s(\pi)] - c(\alpha)$，其中 $s(\pi)$ 是建设业主支付给监理人的报酬，$c(\alpha)$ 是监理人的努力成本。对于 α 而言，$v' > 0$，$v'' \leqslant 0$；$u' > 0$，$u'' \leqslant 0$；$c' > 0$，$c'' > 0$，即建设业主和监理人都是风险规避者或风险中性者，努力的边际负效用是递增的。建设业主和监理人的利益冲突首先来自假设 $\partial\pi/\partial\alpha > 0$，$c' > 0$。$\partial\pi/\partial\alpha > 0$ 意味着建设业主希望监理人多努力，而 $c' > 0$ 意味着监理人希望少努力。因此，除非建设业主能够对监理人提供足够的激励，否则，监理人不会如建设业主希望的那样努力工作。$F(\pi,\alpha)$ 和 $f(\pi,\alpha)$ 分别代表给定 α 的情况下 π 的条件分布函数和对应的密度函数，假定它们和 π（α，θ）以及 $v(\cdot)$，$u(\cdot) - c(\cdot)$ 都是共同知识，也就是说建设业主和监理人在这些技术关系上的认识是一致的。建设业主的期望效用函数可表示为：

$$(P) \qquad \int v[\pi - s(\pi)] f(\pi,\alpha) d\pi \qquad (3-1)$$

建设业主的问题就是选择 α 和 $s(\pi)$，从而最大化上述期望效用函数。但是，建设业主此时面临着来自监理人的两个约束。第一个是参与约束，即监理人从接受契约中得到的期望效用不能小于不接受契约时能得到的最大期望效用。监理人“不接受契约时能得到的最大期望效用”由他面临的其他市场机会决定，可以称为保留效用，用 $\bar{u}$ 代表。参与约束又称为个人理性约束，可以表述如下：

$$(IR) \qquad \int u[s(\pi)] f(\pi,\alpha) d\pi - c(\alpha) \geqslant \bar{u} \qquad (3-2)$$

第二个约束是代理人的激励相容约束，即给定假设业主不能观测到监理人的行动 α 和自然状态 θ，在任何的激励契约下，监理人总是选择使自己的期望效用最大化的行动 α。因此，任何业主希望的 α 都只能通过监理人的效用最大化行为实现。换言之，如果 α 是业主希望的行动，$\alpha' \in A$ 是代理人可选择的任何行动，那么，只有当监理人从选择 α 中得到的期望效

用大于从 α' 中得到的期望效用时，监理人才会选择 α。激励相容约束的数学表述为：

$$(IC)\quad \int u[s(\pi)]f(\pi,\alpha)d\pi - c(\alpha) \geqslant \int u[s(\pi)]f(\pi,\alpha')d\pi - c(\alpha) \quad (3-3)$$

建设业主的问题是选择 α 和 π 以最大化期望效用函数（P），满足约束条件（IR）和（IC），即：

$$\max_{\alpha,s(\pi)} \int v[\pi - s(\pi)]f(\pi,\alpha)d\pi \quad (3-4)$$

$$s.t.\ (IR)\ \int u[s(\pi)]f(\pi,\alpha)d\pi - c(\alpha) \geqslant \bar{u} \quad (3-5)$$

$$(IC)\quad \int u[s(\pi)]f(\pi,\alpha)d\pi - c(\alpha) \geqslant \int u[s(\pi)]f(\pi,\alpha')d\pi - c(\alpha), \forall \alpha \in [0,1] \quad (3-6)$$

在这个契约设计中，建设业主的问题是如何根据监理人的行动来决定他应该给予监理人什么样的补偿，以及选择与哪些行为相一致的最低成本的激励方案。

因为建设业主拥有关于监理人的完全信息，知道监理人的行为（或他的偏好），并且建设业主能够根据他所获得的信息推知监理人会采取什么行为，那么即使这些行为是不能观测到的，建设业主仍然可以找到最优契约解。此时，激励相容约束是多余的，因为建设业主可以通过强制契约使代理人选择委托人所规定的行动。比如说，假设建设业主希望监理人选择努力水平 α^*，则其可以通过以下方案来达到目的：如果监理人选择 α^*，业主将向监理人支付 $\bar{w}$，否则，业主将仅支付 $\underline{w} < \bar{w}$。只要 $\underline{w}$ 足够小，监理人就会选择 α^*。因此，当建设业主能够观察到监理人努力水平 α 时，监理人机会主义行为是不存在的。

3.1.2 监理人具有良好的职业道德

这一条件的含义是建设监理人是道德人。道德人假设认为，人们的行为以集体利益最大化为目标。经济主体为利益奋斗、奉献，甚至不惜牺牲个人生命。这种人格角色的外在表现是：忘我奉献、忍辱负重、任劳任怨。标准的道德人应是毫无自私自利之心的“纯粹的人”。但在市场经济环境中，可以是某种退而求其次的弱化的道德人，即在缺乏相关权利安排的制度背景下，会“明智地”抑制个人利益，恪尽义务，奉献自我，然后在由此而带来的集体经济的整体发展中获得个人利益的满足，至少是补偿。

建设工程监理人员岗位职责的管理规定

第一章　总　则

第一条　为了加强建设工程监理人员的监督管理，保证建设工程监理工作质量，依据《中华人民共和国建筑法》《建设工程质量管理条例》等法律、法规，制定本规定。

第二条　凡在中华人民共和国境内从事建设工程施工阶段监理活动的，必须遵守本规定。

本规定所称项目监理机构，是指监理单位派驻工程项目现场负责履行建设工程委托监理合同（以下简称“监理合同”）的组织。

本规定所称总监理工程师，是指具有相应资格，由监理单位法定代表人书面授权，全面负责监理合同的履行、主持项目监理机构工作的监理人员。

本规定所称专业监理工程师，是指具有相应资格，在总监理工程师授权下，负责某一专业或者某一方面监理工作的监理人员。

本规定所称监理员，是指具有相应资格，由总监理工程师授权并在专业监理工程师指导下，从事具体监理工作的监理人员。

第三条　建设单位应授权监理单位对建设工程质量、造价、进度进行全面控制和管理，并在监理合同及建设工程施工合同中予以明确。建设单位应支持监理人员履行岗位职责。施工单位应接受监理人员的监督管理。

第四条　任何单位和个人不得妨碍和阻挠依法进行的建设工程监理活动。

第五条　县级以上人民政府建设行政主管部门负责监理人员的监督管理。

第二章　项目监理机构

第六条　监理单位应在工程项目现场设立项目监理机构。项目监理机构组织形式和规模应根据监理合同的范围和内容确定。

第七条　项目监理机构一般应由总监理工程师、专业监理工程师和监理员组成，必要时可设总监理工程师代表。总监理工程师代表必须经监理单位法定代表人同意，由总监理工程师书面授权。项目监理机构应保证监理人员专业配套、数量满足监理工作的需要。

第八条　项目监理机构必须遵守国家有关的法律、法规及技术标准；全面履行监理合同，控制建设工程质量、造价和进度，管理建设工程相关合同，协调工程建设有关各方关系；做好各类监理资料的管理工作，监理工作结束后，向本监理单位或相关部门提交完整的监理档案资料。

第九条　项目监理机构应采用巡视、检测、见证取样和平行检验等方式控制工程质量，对关键部位或关键工序实施旁站监理。平行检验比例不得低于施工单位检验数量的5%，检验费用由建设单位承担。

第十条　项目监理机构应依据监理合同配备满足现场监理工作需要的检测设备和工具。建设单位应为项目监理机构开展监理工作提供必要的办公、交通、通信及生活设施。

第十一条　监理单位应对项目监理机构的工作进行考核，指导项目监理机构有效地开展监理工作。项目监理机构应在完成监理合同约定的监理工作后撤离现场。

第三章　总监理工程师

第十二条　建设工程监理实行总监理工程师负责制。

监理单位法定代表人应以书面形式向总监理工程师授权，明确其职责和权限，并将书面授权书送达建设单位。

第十三条　总监理工程师必须具备下列条件之一，方可上岗：

（一）取得监理工程师执业资格并经注册，具有三年以上相关工程监理工作经历；

（二）具有相关专业大专以上学历、二十年以上相关工程施工管理经验，经过监理业务培训并经省级建设行政主管部门认可。

第十四条　总监理工程师应履行下列主要职责：

（一）组织项目监理机构，确定人员岗位职责，全面负责项目监理机构的日常工作；

（二）主持编制监理规划，审批监理实施细则和旁站监理工作方案；

（三）签发工程开工或者复工报审表、工程暂停令、工程款支付证书和工程竣工报验单等；

（四）审查施工单位提交的施工组织设计、技术方案和进度计划等；

（五）审核签署施工单位的申请、支付证书和竣工结算；

（六）审查和处理工程变更；

（七）调解建设单位与施工单位的合同争议、处理索赔和审批工程延期；

（八）审查施工分包单位资质；

（九）主持监理工作会议，签发项目监理机构的文件和指令；

（十）主持或参与工程质量事故的调查；

（十一）组织编写并签发监理月报、监理工作阶段报告、专题报告、工程质量评估报告和监理工作总结；

（十二）审核签认分部及单位工程质量检验资料、审查竣工申请、组织竣工预验收并参加竣工验收；

（十三）主持整理工程项目监理资料；

（十四）当发现重大施工质量和安全问题时，应协同有关方面采取相应措施予以处理，并按有关规定及时报告建设单位和建设行政主管部门。

第十五条　总监理工程师拥有下列权力：

（一）当工程具备开工或者复工条件时，在征得建设单位同意后发布开工令或者复工令；

（二）当发现施工过程中出现工程质量问题或者不安全作业以及其他违法违规情况时，责令施工单位整改直至发布工程暂停令；

（三）审查施工单位和分包单位资质；

（四）审查施工单位的施工组织设计、技术方案和进度计划；

（五）审核确认工程款及工程结算；

（六）建议更换施工单位不合格项目负责人或者不合格施工分包单位。

第十六条　在履行监理合同期间，监理单位不得随意更换总监理工程师，确需更换时应征得建设单位同意。

第十七条　总监理工程师原则上只能承担一项监理合同业务，确需同时承担多项监理合同的，不得超过三项一等以下工程监理合同业务。

第十八条　总监理工程师经监理单位法定代表人同意，可书面授权总监理工程师代表行使其部分职责和权力。总监理工程师代表的任职条件不得低于专业监理工程师。总监理工程师或总监理工程师代表必须常驻现场。

第四章　专业监理工程师

第十九条　专业监理工程师的职责和权限应在总监理工程师的书面授权书中予以规定。

第二十条　专业监理工程师必须具备下列条件之一，方可上岗：

（一）取得监理工程师执业资格并经注册，具有二年以上相关工程监理工作经历；

（二）具有相关专业大专以上学历、十年以上相关工程施工管理工作经历，经过监理业务培训并经省级建设行政主管部门认可。

第二十一条 专业监理工程师应履行下列主要职责：

（一）在总监理工程师指导下，巡视检查施工现场；

（二）负责编制相应专业的监理实施细则；

（三）组织、指导、检查和监督本专业监理员工作；

（四）审查施工单位提交涉及本专业的施工组织计划、方案和申请，并向总监理工程师提出审查报告；

（五）负责本专业分项工程及隐蔽工程的检查和验收；

（六）定期向总监理工程师报告监理工作实施情况；

（七）做好监理日记；

（八）负责相应监理资料的收集、汇总及整理，参与编写监理月报；

（九）根据有关规定进行平行检验；

（十）负责本专业的工程计量工作，审核工程计量的数据和原始凭证。

（十一）对关键部位或者关键工序安排旁站监理，检查督促旁站监理工作。

（十二）当发现施工质量和安全问题时，必须采取相应措施予以处理，并及时报告总监理工程师。

第二十二条 专业监理工程师具有下列权力：

（一）要求承包单位报送关键部位或者关键工序的施工工艺和确保工程质量的措施；

（二）禁止未经验收或验收不合格的工程材料、构配件和设备进场；

（三）对未经验收或验收不合格的部位或工序拒绝签认；

（四）要求施工单位对施工过程中出现的质量缺陷进行整改；

（五）未经验收或者验收不合格的工程不予计量。

第五章　监理员

第二十三条　监理员的职责和权限应在总监理工程师的书面授权书中予以规定。

第二十四条　监理员必须具备下列条件之一，方可上岗：

（一）具有相关专业中专以上学历、一年以上相关专业工作经历，经过监理业务培训并经省级建设行政主管部门认可；

（二）具有相关专业技师职称、十年以上相关专业工作经历，经过监理业务培训并经省级建设行政主管部门认可。

第二十五条　监理员应履行下列主要职责：

（一）在专业监理工程师指导下进行质量监督、检测和计量等具体监理工作；

（二）核查并记录进场材料、设备、构配件的原始凭证、检测报告等质量证明文件，以及施工人员的使用情况；

（三）签认工程质量检查和工程计量原始凭证；

（四）负责旁站监理工作，做好旁站监理记录；

（五）收集整理相关监理资料；

（六）做好监理日记和有关监理记录；

（七）当发现重大施工质量和安全问题时，及时报告总监理工程师。

第二十六条　当发现施工活动危害工程质量和安全时，监理员有权制止并及时报告总监理工程师。

第六章　监督管理

第二十七条　省级人民政府建设行政主管部门应对监理人员的工作质量进行监督管理，严格审核各类监理人员的任职条件，建立监理人员跟踪管理档案，将不定期检查结果记录在案，作为监理人员和监理单位年检的重要依据。

第二十八条　省级人民政府建设行政主管部门应加强对监理人员的继续教育，不断提高监理人员的业务水平。

第二十九条　建设行政主管部门对监理人员在监理过程中发现的工程质量和安全问题，应责成有关方面及时处理；对建设单位或者施工单位妨碍监理人员正常开展监理工作的行为，应及时予以制止和纠正。

第三十条　建设单位有权要求监理单位更换不具备任职条件的监理人员。

第七章　罚则

第三十一条　建设单位违反本规定，有下列行为之一的，责令改正，可处罚款；造成损失的，依法承担赔偿责任：

（一）明示或者暗示监理单位同意施工单位使用不合格的建筑材料、建筑构配件和设备的；

（二）未经总监理工程师签字拨付工程款或者进行竣工验收的；

（三）妨碍和阻挠监理人员正常开展监理工作的。

第三十二条　监理单位违反本规定，有下列行为之一的，责令改正，可处罚款；造成重大工程质量事故的，降低监理单位资质等级，直至吊销资质等级证书；造成损失的，依法承担连带赔偿责任：

（一）因监理人员不履行职责造成工程质量和安全事故的；

（二）与建设单位或者施工单位串通，弄虚作假，降低工程质量的；

（三）将不合格的建设工程、建筑材料、建筑构配件和设备按照合格签字的；

（四）选派不具备条件的人员承担监理工作的。

第三十三条　监理人员违反本规定，有本规定第三十二条（一）、（二）、（三）款行为之一的，责令改正，可处罚款；造成重大工程质量事故的，吊销监理工程师注册证书，五年内不予注册；构成犯罪的，依法追究刑事责任。

第三十四条　施工单位违反本规定，有下列行为之一的，责令改正，可处罚款；造成损失的，依法承担赔偿责任：

（一）与监理单位串通，弄虚作假，降低工程质量的；

（二）妨碍和阻挠监理人员正常开展监理工作的。

第三十五条　建设行政主管部门及其工作人员违反本规定，有下列行为之一的，由上级机关责令改正；情节严重的，对责任人给予行政处分；构成犯罪的，依法追究刑事责任：

（一）对监理人员的工作不进行监督管理的；

（二）滥用职权、徇私舞弊，认可不符合任职条件的人员承担监理业务的。

第三十六条　本规定中的罚款，法律、法规有幅度规定的从其规定，无幅度规定的为五千元以上三万元以下。

第八章　附则

第三十七条　从事建设工程其他阶段监理或者设备监造活动的，参照本规定执行。

第三十八条　省、自治区、直辖市人民政府建设行政主管部门可以根据本规定制定实施细则。

第三十九条　本规定由国务院建设行政主管部门负责解释。

第四十条　本规定自发布之日起施行。本规定施行以前有关文件与本规定不符的，按本规定执行。

依据FIDIC道德准则和我国的具体实际，对于建设监理人而言，道德人假定至少应包含下列四个方面的规定性。

第一，守法。①监理单位只能在核定的业务范围内开展经营活动。核定的业务范围有两层内容，一是监理业务的性质。监理业务的性质是指可以监理什么专业的工程。如以建筑学专业和一般结构专业人员为主组成的监理单位，只能监理一般工业与民用建筑的工程项目的建设性；以冶金类专业人员组建的监理单位，只能监理冶金工程项目的建设。除了建设监理工作之外，根据监理单位的申请和能力，还可以核定其开展某些技术咨询服务。核定的技术咨询服务项目也要写入经营业务范围。核定的经营业务范围以外的任何业务，监理单位不得承接。否则，就是违法经营。如果一个监理单位从政府的其他资质管理部门领取了监理资质证书，并经工商管理部门办理了营业执照，同样属于违法经营之列。二是监理业务的等级。如甲级资质监理单位要以承接一等、二等、三等工程项目的建设监理业务量，丙级资质的监理单位，一般情况下，只能承接三等工程项目的建设监理业务。②监理单位不得伪造、涂改、出租、出借、转让、出卖《资质等级证书》。③工程建设监理合同一经双方签订，即具有一定的法律约束力(违背国家法律、法规的合同，即无效合同除外)，监理单位应按照合同的规定认真履行，不得无故或故意违背自己的承诺。④监理单位离开原住所承接监理业务，要自觉遵守当地人民政府颁发的监理法规和有关规定，并要主动向监理工程所在地的省、自治区、直辖市建设行政主管部门备案登记，接受其指导和监督管理。⑤遵守国家关于企业法人的其他法律、法规和规定，包括行政的、经济的和技术的。

第二，诚信。所谓诚信，简单地讲，就是忠诚老实、讲信用。为人处事都要讲诚信，这是做人的基本品德，也是考核企业信誉的核心内容。监理单位向业主、向社会提供的是技术服务，按照市场经济的观念，监理单位出卖的主要是自己的智力。智力是看不见、摸不着的无形产品。尽管它最终由建筑产品体现出来，但是，如果监理单位提供的技术服务有问题，就会造成不可挽回的损失。何况，技术服务水平的高低弹性变化很大。例如对工程建设投资或质量的控制，都涉及工程建设的各个环节的各个方面。一个高水平的监理单位要以运用自己的高智能最大限度地把投资控制和质量控制搞好。也可以以低水准的要求，把工作做得勉强能交代过去，这就是不诚信。没有为业主提供与其监理水平相适应的技术服务或者本来没有较高的监理能力，却在竞争承揽监理业务时，有意夸大自己的能力，或者借故不认真履行监理合同规定的义务和职责等，都是不讲诚信的行为。

第三，公正。所谓“公正”，主要是指监理单位在处理业主与承建商之间的矛盾和纠纷时，要做到“一碗水端平”，是谁的责任，就由谁承揽，该维护谁的权益，就维护谁的权益。决不能因为监理单位受业主的委托，就偏袒业主。例如，承建商因业主没有按合同规定的时间提供施工图而提出索赔，要求业主赔偿损失。监理单位接到承建商的索赔单后，首先要核对提供施工图的时间，再查对合同规定提供施工图的日期以及未能提供施工图时，业主的责任和处理办法。如果承建商的索赔成立，那就告诉业主：索赔成立，准备向承建商赔偿，而且该赔多少，就签认赔偿多少。再如，若承建商编制的施工组织方案，从局部看是可行的、合理的，甚至能加快施工进度，但从全局看，会影响交叉作业，会影响其他承建商的施工，或者会增加工程建设资金的投入，那么，就要从全局考虑，从维护业主的整体利益出发，建议承建商修改施工组织设计，以维护业主的利益。一般来说，监理单位维护业主的合法权益容易做到，而维护承建商的利益比较难。究其根源，还是怕别人说自己出卖业主的利益，怕因此而影响自己承揽监理业务。所以，要真正做到公正地处理问题也不容易。监理单位要做到公正，必须要做到以下几点：①要培养良好的职业道德，不为私利而违心地处理问题；②要坚持实事求是的原则，不唯上级或业主的意见是从；③要提高综合分析问题的能力，不为局部问题或表面现象而模糊自己的“视听”；④要不断提高自己的专业技术能力，尤其是要尽快提高综合理解、熟练运用工程建设有关合同条款的能力，以便以合同条款为依据，恰当地协调、处理问题。

第四，科学。所谓“科学”，是指监理单位的监理活动要依据科学的方案，要运用科学的手段，要采取科学的方法。工程项目监理结束后，还要进行科学的总结。监理工作的核心问题是“预控”，必须要有科学的思想、科学的方法。凡是处理业务要有可靠依据和凭证；判断问题，要用数据说话。只有这样，才能提供高智能的、科学的服务，才能符合建设监理事业发展的需要。①科学的计划。就一个工程项目的监理工作而言，科学的方案主要是指监理细则。它包括：该项目监理机构的组织计划；该项目监理工作的程序；各专业、各年度（含季度，甚至按天计算）的监理内容和对策；工程的关键部位或要能出现的重大问题的监理措施。总之，在实施监理前，要尽可能地把问题都列出来，并拟订解决办法，使各项监理活动都纳入计划管理的轨道。更重要的是，要集思广益，充分运用已有的经验和智能，制定出切实可行、行之有效的监理细则，指导监理活动顺利地进行。②科学的手段。单凭人的感官直接进行监理，这是最原始的监理手段。科学发展到今天，必须借助于先进的科学仪器才能做好监理工作，如已普遍使用的计算机，各种检测、试验、化验仪器等。③科学的方法。监理工作的科学方法主要体现在监理人员在掌握大量的、确凿的有关监理对象及其外部环境实际情况的基础上，适时、妥帖、高效地处理有关问题；体现在解决问题要“用事实说话”“用书面文字说话”“用数据说话”，尤其体现在要开发、利用计算机软件，建立起先进的软件库。

监理人员行为准则

1. 监理人员必须遵守国家有关法律法规，遵循“守法、诚信、公正、科学”的执业准则，维护国家和社会公众的利益。

2. 监理人员必须按照合同约定履行监理职责和义务，维护建设方的合法利益，不损害其他方的合法利益。

3. 监理人员必须执行工程建设的法律、法规、规范和标准，在监理工作中切实做好质量、进度、费用控制，安全生产监督管理、合同、信息等方面的协调管理。

4. 监理人员要维护行业利益，信守行业自律公约，不得同时在两个及以上监理单位任职，不得以个人名义私自承接监理任务。

5. 坚持挂牌上岗，不得擅自离岗；做好各种监理记录和监理日记。

6. 监理人员要恪守职业道德，廉洁自律，不准收受施工单位礼品、礼券、礼金和有价证券，不得接受施工单位的各种赞助和收受回扣。不准借工作之便向承包商索要钱物或到施工单位报销个人支付的各种费用。不准刁难或借故变相刁难施工单位。不得向承建商推销材料、设备等，不得泄露业主及其他监理工程各方约定的保密事项。

7. 监理人员必须持证上岗，不得人证分离，并接受建设主管部门和行业组织的监督管理。

8. 监理人员要树立服务意识，定期向建设方报告监理工作，突发事件要及时报告有关单位和部门。

9. 监理人员要加强自身学习，自觉接受专业技术知识和管理能力培训，不断提高监理业务水平。

概括起来说，我们可以将能在执业过程中遵循“守法、诚信、公正、科学”四准则的监理人视为监理道德人，道德人的品质特征从源头上排除了监理人的机会主义行为倾向。

以上我们分别讨论了建设监理人机会主义行为倾向消失的两个条件。这两个条件都是充分条件，只要具备其中的一个，监理人的机会主义行为倾向就不会存在，建设监理人之目标模型就能够成立。在讨论了目标模型成立的前提条件之后，我们就可以讨论目标模型本身。关于监理人行为模型，大体上可以分为两大类：一类是监理人行为模型中的解释变量，讨论监理人行为变化所带来的效应，本书称之为监理生产函数；另一类是监理人行为模型中的被解释变量，讨论监理人行为的生成机理，本书称之为监理激励函数。下面两节分别对这两类目标的监理人行为模型进行讨论。

3.2 监理生产函数

监理人行为模型的基础是监理生产函数。如果将监理人付出的工作努力视为投入，监理人的工作绩效视为产出，监理生产函数便是监理工作绩效对监理人工作努力状况的依存关系。反过来，监理人行为模型讨论的是监理人工作努力状况对监理绩效的依存关系。二者的解释变量与被解释变量发生了替换。因此，我们可以将监理人行为模型看成监理人生产函数的反函数。

3.2.1 监理生产函数的表达式

生产函数是指在一定时期内，在技术水平不变的情况下，生产中所使用的各种生产要素的数量与所能生产的最大产量之间的关系。假定 X_1，X_2，…，X_n 顺次表示某产品生产过程中所使用的 n 种生产要素的投入数量，Q 表示所能生产的最大产量，则生产函数可以写成以下的形式：

$$Q = f(X_1, X_2, \cdots, X_n) \tag{3-7}$$

监理人生产函数是一种特殊的生产函数。在讨论这种生产函数之前，我们对相关概念作一个界定。

建设监理：针对工程项目建设，社会化、专业化的工程建设监理单位接受业主的委托和制授权，根据国家批准的工程项目建设文件、有关工程建设的法律、法规和工程建设监理合同以及其他工程建设合同所进行的旨在实现项目投资的监督管理活动。

监理人：本章所指的监理人包括监理企业和从事监理工作的人员。工程监理企业是指从事工程监理业务并取得工程监理资质证书的经济组织。按照我国现行法律规定，我国监理企业的组织形式包括五种类型：公司制监理企业；合伙监理企业；个人独资监理企业；中外合资经营监理企业；中外合作经营监理企业。监理工作人员按照资质等级分为四类：第一类是监理工程师，即在工程建设监理岗位工作，经全国统一考试合格，并经政府注册的监理人员；第二类是指根据工作岗位需要，聘请资深的监理工程师为主任监理工程师；第三类是指根据岗位工作需要，可聘请主任监理工程师为工程项目的总监理工程师或副总监理工程师；第四类是监理员，是指不具有监理工程师资格，但从事工程建设监理工作的人员。

监理人行为：与监理人概念相适应，本书所指的监理人行为包括监理企业的组织行为和监理工作人员的个人行为。其中，监理企业是拥有剩余索取与剩余支配权的人格代表。

监理人生产函数是指监理人产出对监理人投入的依存关系。假设监理人产出为 R，监理人投入分别为 $a_{业1}$，$a_{业2}$，$a_{业3}$，…，$a_{业5}$，则监理人生产函数可表示为：

$$R = R\ (a_{业1},\ a_{业2},\ \cdots,\ a_{业5}) \qquad (3-8)$$

监理人生产函数可以从两个不同的视角进行考察。一个是从业主视角考察，它回答的是业主雇用监理人从事监理工作所取得的绩效。因此，业主视角下的生产函数表达了业主对项目的监理人投入所带来的业主所享有的项目绩效的增进。设业主所享有的项目绩效的增进为 $R_{业1}$，业主对项目的监理人投入分别为 $a_{业1}$，$a_{业2}$，$a_{业3}$，…，$a_{业n}$，则面向建设业主的监理人生产函数可表示为：

$$R_{业} = R\ (a_{业1},\ a_{业2},\ \cdots,\ a_{业5}) \tag{3-9}$$

另一个是从监理人视角考察，它回答的是监理人从事监理工作所得到的回报。设监理人从事监理工作所得到的回报为 $R_{监}$，相应的投入分别为 $a_{监1}$，$a_{监2}$，$a_{监3}$，…，$a_{监m}$，则监理人视角下的监理人生产函数可表示为：

$$R_{监} = R_{监}\ (a_{监1},\ a_{监2},\ a_{监3},\ \cdots,\ a_{监m}) \tag{3-10}$$

$R_{业}$与 $R_{监}$是不同的变量，相应地，$a_{业1}$，$a_{业2}$，$a_{业3}$，…，$a_{业n}$与 $a_{监1}$，$a_{监2}$，$a_{监3}$，…，$a_{监m}$也是不同的变量，它们在性质上不同，在数量上也不相等。因而，业主视角下的监理人生产函数与监理人视角下的生产函数是两种完全不同的生产函数。而且，由于委托人与代理人有不同的目标函数，两种不同类型的生产函数存在着利益上的冲突。但是，因为本章已经假定监理人行为不存在机会主义倾向，代理人的目标与业主的目标是完全相容的，监理人行为完全服从并服务于业主目标，这两种生产函数就具有等价性。本节要讨论的是建设业主视角下的监理人生产函数，它是一种应然状态下的监理人生产函数。

3.2.2 建设业主视角下监理生产函数的被解释变量

现在，我们来讨论建设业主视角下，监理人生产函数中的被解释变量。这个被解释变量即是 $R_{业}$。对于业主而言，监理人的产出包括投资、进度、质量、安全四个方面。工程项目投资控制是满足项目质量和安全要求的前提下，实现项目的实际投资进度不超过计划投资进度。工程项目进度控制是在满足建筑质量、工程投资和建设安全要求的前提下，按计划执行项目建设的实际工期。工程项目质量控制是项目在满足投资、进度和安全要求的前提下，满足项目总体质量要求。安全控制是项目在满足质量、进度和投资要求的前提下，实现项目安全管理目标。投资、进度、质量、安全四个方面存在着既对立又统一的关系。

建设工程四大目标之间相互矛盾，相互制约。一般而言，建设工程质量与投入的资金和建设时间成正比。一方面，投资、进度、质量三大目标之间存在着对立与统一。如果要提高工程的质量目标就要投入较多的时间和资金。如果要缩短工期，投资就要相应提高。否则，就不能保证原来的质量标准。如果要降低投资，就要降低项目的功能和质量标准。另一方面，投资、进度与质量控制还存在统一的关系。比如，适当增加投资的数量，为采取加快进度措施提供经济条件，就可以增加建设速度，缩短工期，使项目提前运营，投资尽早收回；适当提高项目功能和质量要求，虽然会造成一次性投资的提高和工期的延长，但能节约项目启动后的经常费用和维修成本，降低产品成本，从而获得较好的投资效益。

因此，对监理人来说，在不同时期，四大目标的重要性可能不同，把握特定条件下工程项目的目标关系及轻重次序，才能对整个工程目标实施最优控制。那么，用一个什么样的概念，或者说，一个什么样的指标来表示工程控制优化的程度呢？无论是在理论上，还是在实践中，这都是一个尚未解决的难题。本书试图借助价值分析工具，作一个尝试性的回答。

价值工程分析是研究产品功能和成本之间的关系技术。功能属于技术指标，成本则属于经济指标。价值工程要求从技术和经济两方面来提高产品的经济效益。价值（用 V 表示）是功能（指一种产品的特定职能和用途，用 F 表示）和实现这个功能所需的费用（即成本，用 C 表示）的比值，其表达式为：

$$V = \frac{F}{C} \tag{3-11}$$

我们可以将价值 V 作为项目建设目标系统的总目标。其中 F 代表质量分目标。F 本来是一个使用价值概念，为了便于比较，可以通过一定的方式，将功能概念货币化，即将产品功能定义为功能收益，用 GF 表示。C 代表投资分目标。为了将工期（用 T 表示）分目标纳入总目标，我们可以将总量性的 V 定义为平均量 V，即单位建设时间的 V，用 $\overline{V}$ 表示。最后，为了将安全分目标纳入总目标，我们可以将安全事故所造成的经济损失从功能总收益中减去，将产品的功能收益定义为功能净收益。设功能净收益为 NF，安全事故造成的经济损失为 B，则：NF = GF − B。由此，我们可以得到式（3-12）。

$$\overline{V}=\frac{GF-B}{C\times T} \tag{3-12}$$

在式（3-12）中，$\overline{V}$最大化便是建设工程管理系统的总目标。在建设工程的总绩效中，监理人所贡献的份额应如何度量？我们只能采用反设事实的方法来进行测算。设在不购买监理服务条件下的业主绩效为$\overline{V}_{无监}$，在购买监理服务条件下的业主绩效为$\overline{V}_{有监}$，则监理的产出为：$\Delta V=\overline{V}_{有监}-\overline{V}_{无监}$。$\Delta V$即是建设业主视角下的监理人生产函数的被解释变量$R_{监}$。

3.2.3 建设业主视角下的监理生产函数的解释变量

1. 监理人行为规范

建设监理人员行为是针对工程建设项目建设所实施的有明确法律法规依据的监督管理，监理人行为的依据是相关的法规与合同。监理人应该依照法律、法规的规定，对承包商实施监督，对业主违反法律法规的要求，监理人应当予以拒绝。同时，监理人行为应该符合合同规定。其中最主要的合同是工程建设监理合同和工程承包合同。工程建设监理合同是业主与监理单位为了完成工程监理任务，明确相互权利与义务的协议。工程承包合同是业主和承包商为了完成商定的某项工程建设，明确相互权利与义务的协议。我国监理业协会《监理人员工作守则》对建设监理人行为做出了以下的规定：

（1）维护国家的荣誉和利益，按照“守法、诚信、公正、科学”的准则执业。

（2）执行有关工程建设的法律、法规、规范、标准和制度，履行监理合同规定的义务和职责。

（3）努力学习专业技术和建设监理知识，不断提高业务能力和监理工作水平。

（4）不以个人的名义承担监理业务。

(5) 不同时在两个以上的监理单位注册和从事监理活动，不在政府部门和施工、材料、设备的生产供应等单位兼职。

(6) 不为监理项目指定施工单位、建筑构件设备、材料和施工方法。

(7) 不收受被监理单位的任何礼金。

(8) 不泄露所监理工程各方认为需要保密的事项。

(9) 坚持独立自主地开展工作。

从以上内容我们可以看出，《守则》对监理人行为做出的约束实质上是对监理人行为的二分法，即从监理人行为能力与监理人行为努力两个方面来规定的，而其中监理人行为努力又可以分为行为努力水平和行为努力方向。

从监理人行为能力看，监理工作需要监理工程师经过系统的专业训练，具有较高的学历和知识水平。监理人员不但具备现代科技理论知识，还要拥有良好的经济管理理论知识和法律知识，监理人行为能力的高低一方面取决于监理人员所使用的监理仪器、设备等“硬件”上，另一方面取决于监理人员所拥有的知识、技术与经验等“软件”上。

2. 监理人权力

本书中，监理人的权力亦简称为“监理权”。理由在于，《建筑法》第33条监理事项通知中使用的是“权限”一词。权限，权力之界限，在汉语中权力与权限可相互代替，而且FIDIC合同使用的authority一词，亦为权力之意。

监理权的性质与来源。监理权是为了使委托人（业主）充分行使对工程建设项目的管理权，使其欠缺的管理能力得以补充和扩张，而通过委托人的授权赋予监理人对相对人进行监督管理的一种权力。监理权来源于委托人意思表示的授权，前提是监理人有执业资格且其所属监理单位具有监理资质。监理权的授权，是委托人的单方民事法律行为。作为业主的委托人自当拥有对项目的管理权，其监理权之授予除与监理人签订书面委托监理合同外，亦通过监理事项通知和施工合同告知被监理单位有关委托的监理单位、监理内容及权限，如果委托人关于授权的意思表示不明确，从通知和合同中难以判定其授权监理的具体事项、范围和权限，由于这种缺陷系委托人单方的过错所致，应由委托人承担责任。依监理权的内容，FIDIC《业主/咨询工程师标准服务协议书条件》第5条规定了三种权力：①附件A所规定的或未规定但与之相当的权力；②在业主与第三方之间的处理权力；③改变任何第三方义务的权力。从法律性质上看，这三种权力可归为两类，①③为指令权，②为争议处理权。这两类权力的授予方式并不完全相同：以指令权为首的权力授予是业主对承包人的权力向监理人的转移，业主是凭借在合同交易中的优势地位获此权力的，其权力的法律基础是承包人的认可，此类权力之授予系由业主通过委托监理合同直接授予。争议处理权并不由业主直接授予，因为业主并不具有对发生于自己与承包人之间的争议的处理权，业主在交易中的优势地位因法律的限制也不可能为他带来此种权力。

因此，监理人的争议处理权是来源于承发包双方的共同授权，由于监理人与承包人无合同关系，但承包人对监理合同的认可往往是其能够承包的前提，即承包方通过发包方将此权力授予监理人。

3. 监理人义务

监理人的义务来源于委托监理合同的约定，委托人要求监理人完成委托事务。监理人按合同约定完成监理工程范围内的监理业务，并不意味着要求监理人一定要将委托事务处理成功，因为建设项目的最终成功在很大程度上仍取决于业主和承包商的工作。监理人在处理委托事务时要承担下列义务。

第一，诚信义务。

委托人授权监理人管理工程项目，是基于对监理人的信誉、管理水平和监理业绩等的了解与信任。监理人不得利用委托事务的处理，为自己谋取委托合同约定报酬以外的利益，亦不得为了自己或者第三人利益而侵害委托人利益，即监理人不得接受承包人的报酬/经济利益，不得参与与委托人利益相冲突的活动。合同法未以专门条款规定受托人的诚信义务，但诚信义务实为委托合同之基础，是决定委托合同制度中诸多具体制度的依据。如监理人须亲自处理委托事务（可以利用各种辅助人员，但不能作为有关委托事务的意思表示主体），法律禁止监理单位转让监理业务，以及对监理人紧急处置权限的规定等，均是诚信义务的体现。

第二，注意义务。

注意义务旨在使监理人能够审慎处理委托事务，以不辜负委托人的信任。委托监理合同为有偿合同，监理人应尽善良管理注意义务。在英美法系国家，判例确立的标准为“合理的细心和技能”（reasonable care and skill），即监理人的工作应达到一般合格监理工程师所具备的平均工作水准，但不要求达到本专业最尖端的技术水平。须按照委托人指示处理委托事务，即受托人对委托人的忠实义务。委托人的指示可分为命令性、指导性、任意性三种。相应的监理人的自由裁量权大小亦不同。委托人的指示可在合同订立时作出，也可以在事务处理过程中随时作出，当委托人指示前后不一致时，监理人应当按照委托人最近的指示行事。“在命令式指示下，任何与指示内容不同的处理事务之方式都被认为违背指示，即使不同的处理方式可能更有利于委托事务亦然；在指导式指示下，只有对委托事务较不利的不同处理方式才被认为是对指示的违背；在任意式指导下，只有对指示的基本原则的明显违背，明显不利于委托人的不同处理方式才算对指示的违背。”

在必须变更指示方能维护委托人利益和妥善处理委托事务时，监理人可以变更指示，但须经委托人同意，这实际上是委托人根据受托人的建议作出新的指示，监理人“紧急变更指示的权限”已放在监理人权力一章讨论。需要注意的是，监理人负有“客观、公正地执行监理任务”的法定义务（《建筑法》第 34.2 款）。该义务与按照委托人指示处理委托事务的忠实义务之间存在对立关系，这是监理人定位的核心问题，也是监理人行使协商和争议处理权的合法性基础。监理合同示范文本第 5 条指出，监理人应认真、勤奋地工作（诚信义务），为委托人提供与其水平相适应的咨询意见（注意义务），公正维护各方面的合法权益。由此可见，当监理人按照委托人指示处理委托事务的义务与监理人的客观公正性相冲突时，监理人作为有独立身份的专业人士应保持自身的客观公正性，为此而不遵照委托人的指示将不构成违约。

业主的指示权来源于委托合同。因此，对委托事务范围的限制亦适用于委托人的指示，如果委托人指示监理人从事违法和违背公序良俗的行为，或者法律要求业主亲自实施的行为，以及依其性质不宜委托的事务时，监理人有权拒绝。除了狭义的委托人指示外，监理人须依照有关法律、法规以及技术标准、设计文件、施工合同实施监理。建筑监理行为的依据有下列几类；①国家或部门制定颁布的法律、法规、规章；②国家现行的技术规范、标准、规程和工程质量验评标准；③经批准的建设文件、设计文件和图纸；④依法签订的各类合同文件等。也就是说，工程师处理委托事项的依据和权力来源多元化，但必须注意的是：依据①是监理人作为专业人士所必然产生的守法要求，依据②③④一般都被约定在监理合同和施工合同中，作为监理人承担监理业务的依据。从广义上说，它们都应被视为委托人的指示。监理人须遵照委托人指示处理委托事务的目的是保障委托人的利益，监理人按照上述依据承担监理业务与该目的是一致的。

4. 监理人行为影响因子分析

在给出了被解释变量之后，我们接着来讨论建设业主视角下的监理人生产函数中的解释变量。解释变量有很多个，但模型只能研究其中最主要的变量，而将主要变量之外的影响因素当作随机变量来处理。依据国内外已有的成果和经验观察，本书将监理人生产函数的主要解释变量概括为以下几个因子：

因子1. 监理人努力（用 a_1 表示）。这是本书研究的因子之一。但在目标模型中，我们已经假定，监理人员不存在机会主义的行为倾向，那就意味着，从业主视角来看，监理人的工作努力方向与程度处于最优状态。因此，我们可以将其作为一个外生变量来处理。第4、5章，我们将这一因子转化为内生变量，集中对其展开研究。

因子2. 监理人能力（用 a_2 表示）。监理人是智能型企业，监理人的产品是高智能的技术服务。所以，工作性质决定了监理人是高智能的人才库。尤其较之一般物质生产企业来说，监理人对专业技术素质的要求是相当高的。一个人，如果没有较高的专业技术水平，就难以胜任监理人工作。作为一个群体，谁的监理人素质高谁的监理能力就强，取得较好监理成效的概率就大。关于监理人的能力，应当说包括多项内容。一是监理人要具备较高的工程技术组织或经济专业知识，包括理论知识和实际运用技能；二是监理人要具有较强的组织协调能力；三是监理人要具备高尚的职业道德；四是身体健康，能胜任监理工作的需要。对监理人负责人的素质要求则更高一些。在技术方面，应当具有高级专业技术职称；应具有较强的组织协调和领导才能等。每一个监理人不仅要具备某一专业技能（理论知识和实际运用能力），而且还要掌握与自己本专业相关的其他专业以及经营管理方面的基本知识，成为一专多能的复合型人才。

因子 3. 监理人受托环境（用 a_3 表示）。监理人受托环境主要是指监理人受雇于业主的环境，包括工程性质（国私有），工程的社会影响力与关注度（与投资额相关），监理人与业主的关系以及监理人法制与信用环境等。

因子 4. 独立性（用 a_4 表示）。独立性是监理人受托环境派生出来的因子。独立性是指个体在组织中的相对地位，独立性对于个体行为决策与行为绩效有着重要的影响，被经常纳入服务中介的环境研究。建设监理人的独立性是公正性的基础和前提。监理人如果没有独立性，就失去强制监理的意义。只有真正成为独立第三方，才能起到协调与约束的作用，从而提高建设监理的行为质量。在我国国有建筑工程中，常常存在以政府业主代表为主导的"内部人"控制，建设监理人因缺乏必要的独立性而被迫就范，与政府业主结成纵向合谋体的可能性大大增加，建设监理自主行为将大打折扣。因与政府业主代表存在纵向合谋而使得建设监理职责存在事实上的虚置，客观上造成了国有工程的质量与安全危机频现。

因子 5. 外部支持（用 a_5 表示）。外部支持对于提高经济个体的行为质量有着重要影响。外部支持来自建设监理所处的社会关系之中。麦克米林（McMillin，1997）认为外部支持力量来自业主与承建人的支持等，是由物质支持（material support）和精神支持（spiritual support）两个维度组成。物质支持指外部组织对监理人给予必要的报酬、奖励以及对建设监理专业配套设施的支持，这样有助于监理人履行工作任务；精神支持包括法律支持、制度支持等宏观支持，也包括与建设监理亲密支持［intimate support，指外部组织（业主，施工方）对监理人的理解与关心］、尊重支持（esteem support，指业主与施工方对建设监理的尊重，有助于满足建设监理人社会荣誉和心理满足的需要）（Hutchinson，1986）。

此外，还有一些其他因素，也会影响到监理人产出，如监理工程的复杂程度，承建人的职业道德水平等，本书将其当作随机变量处理，用 ω 表示。

3.2.4 监理人行为的产出效应分析

在分别给出了业主视角下的监理人生产函数的被解释变量与解释变量之后，我们就需要讨论被解释变量与解释变量之间的函数关系，即投入要素的变动所带来的产出效应。一般地，我们在国有业主视角下的监理人生产函数数学表达式如下：

$$R = R(a_1, a_2, a_3, \cdots, a_5, \omega) \tag{3-13}$$

在式（3－13）中的5个解释变量之中，a_1 为本书的研究对象之一，我们在研究监理人努力问题时，将其当作内生变量处理，而其他4个解释变量当作外生变量处理。这样，我们就将监理人生产函数由一个多元函数转化成为一个一元函数。假设监理人生产函数具有式（3－14）的形式。

$$R = \alpha + \beta e \tag{3-14}$$

在式（3－14）中，e 即是式（3－13）中的 a_1，α、β 分别为外生变量。现在，我们需要讨论的是 Y 的变动是如何引起 R 变动的，即分析监理人行为是如何生成产出效应的。

监理人产出可以认为是委托人与代理人之间交易费用的节约。科斯在《企业的性质》（1937年）首次提出交易费用的思想，它是指市场机制发挥作用时的“制度费用”。按照这种理解，任何不牵涉直接生产的机会成本都可以归结为交易费用。具体到建设工程，一个人参与是不可能的。因而，交易费用是不可避免的。但是，如果我们提出业主是完全理性的，其拥有关于工程建设的完全信息，承建人是道德人等假设，则可以得出交易费用为零的结论。在交易费用为零的情况下，监理人不会有任何产出，监理人也就没有存在的必要。问题在于，这些假定条件是不可能成立的，工程建设过程中必然存在交易成本。诺思认为，交易成本阻梗了正常的经济活动，是影响经济绩效的关键因素。经济制度的好坏直接影响到各种交易的成本。经济制度落后会提高社会的交易成本，即增加交易费用，反之亦反是。因此，制度安排对交易成本的影响是至关重要的。

从业主视角来看，根据不同的制度安排，建设工程的交易费用有着不同的类型与数量。我们假设有三种不同的制度安排。第一种制度安排是在工程建设过程中，业主不采集或购买短缺的信息资源。假设在完全信息条件下，业主获得的效用为$\overline{V_1}$，在信息短缺条件下，业主获得的效用为$\overline{V_2}$，则交易费用为$\Delta V_1=\overline{V_2}-\overline{V_1}$。当$\Delta V_1$为负数时，表明业主在信息短缺时效用存在损失。第二种制度安排是业主亲自采集短缺的信息。令C_2为业主采集信息所付出的成本，R_2为信息增量所带来的交易费用的节约，则此时的交易成本为：$\Delta V_2=\Delta V_1+R_2-C_2$。如果$\Delta V_2$的绝对值小于$\Delta V_1$的绝对值，则表明第二种制度安排优于第一种制度安排。第三种制度安排是业主委托监理人为他采集短缺的信息。令C_3为业主雇佣监理人的成本，R_3为信息增量所带来的交易费用的节约，则此时的交易成本为：$\Delta V_3=\Delta V_2+R_3-C_3$。如果$\Delta V_3$的绝对值小于$\Delta V_2$的绝对值，则在建设工程中引入建设监理是最优的制度安排。两个绝对值的差额即是监理人的净产出。由此，我们认为建设监理人的产出效应是由两条路径实现的。

一条是为建设业主提供短缺信息。作为专业化的建设中介，建设监理人比业主拥有更多的知识、能力与时间去了解工程建设情况。为建设业主提供专业化工程咨询信息，对工程管理信息进行评估，并向业主提出合理意见和建议，为帮助建设业主提高建设工程领域的投资效益提供智力支持。

另一条是遏制承建人机会主义行为。在现实生活中，项目承建人并不是道德人，而更符合经济人的假设。在巨大的灰色利益驱使下，他们存在着严重的机会主义行为倾向。这些机会主义行为是导致建设工程领域存在巨额交易费用的根本原因。从建设业主的角度理解，监理人的最主要职责就是从根本上遏制各种机会主义行为倾向。

从交易费用的角度来看，监理人的产出效应等同于工作绩效，但从监理人行为绩效来看，监理人行为又不仅仅只是工作绩效，监理人行为造成的影响还包括其他方面。监理人行为是在组织内发挥作用的，监理人与建设业主和承建人的关系是其行为绩效的主要表现形式。同时，任何建筑产品都会涉及建筑物的使用效率与建筑安全，因而，监理人行为也会间接影响到建筑产品的社会绩效。因此，我们将建设监理行为绩效概括为工作绩效、关系绩效、社会绩效等方面。

工作绩效是指在建设工程达到预先设计的建筑功能和建筑质量前提下，建设投资总量的最小化，或者是指在建设投资总量一定的条件下，建筑产品功能与质量的最大化。

关系绩效是指监理人在工作中形成的与业主、承建人的非合同关系，包含与业主的纵向沟通、关系融洽度与承建方的横向交流、知识分享等；关系绩效是工作情景中的绩效，工作绩效是关系绩效形成的前提，而关系绩效对工作绩效产生重要影响。因此，其他建设主体对建设监理行为的评价是监理关系绩效的重要指标。

社会绩效是指建设监理人行为所具有的社会效能，这归因于建设工程所具有的社会属性，建设工程的投资、质量与安全不仅关系到投资方的利益，也会涉及最终使用者的利益，关系到社会的长期稳定与和谐。建设监理人的行为不仅缓解了业主与施工单位的信息不对称，而且承担着建设工程的公共安全责任，特别是由于工程施工中存在大量的隐蔽工程，业主无法对其施工过程进行密切的连续跟踪。在一般情况下，工作绩效与社会绩效是一致的。建设监理人工作绩效的提高是社会绩效提高的手段，社会绩效提高是工作绩效提高的必然。

3.3 监理人激励函数

在讨论了监理人生产函数之后，我们接着讨论监理人激励函数，旨在回答建设监理人行为是如何决定的问题。

3.3.1　激励函数的被解释变量

建设监理激励函数的被解释变量是监理人行为。本书用监理人的工作努力状况（用e表示）指标来表示监理人行为。这一指标有三个特征。

第一个特征，建设监理工作努力的方向。判断监理人行为方向合理与否的准则是项目业主利益最大化。在国有工程中，也体现为全民利益最大化。与全民利益要求一致的监理人行为便是合理行为。与全民利益的要求相背离的监理人行为便是不合理行为。我们可以用几何图像来表示监理人行为方向的合理与否。如图3－1所示，纵轴e_1代表监理人合理的行为方向，横轴e_2代表监理人不合理的行为方向。设m为监理人行为区间中的任意一点，从原点作一条过m点的射线。角θ的大小表明了监理人的行为对合理行为偏差度。当$\theta=0°$时，监理人工作努力的方向是合理的；当$\theta=90°$，监理人行为完全背离了其合理的方向；当$0°<\theta<90°$时，监理人行为偏离其合理的行为方向。θ越小，其偏离度越小时；θ越大，其偏离度越大。

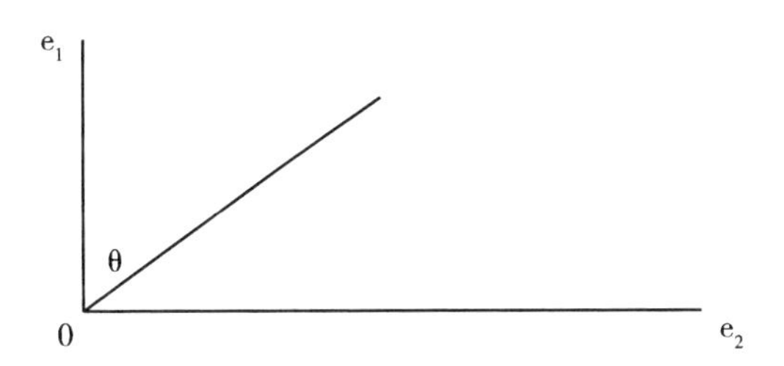

图3－1　监理人工作努力的方向

第二个特征，监理人潜在能力的大小。不同的监理人，由于其主客观条件不同，其潜在能力的大小也不一样。监理人潜在能力的大小，决定了监理人行为取值的可行区间。在图3－2中，设监理人的潜在能力已外生给定，为0G＝0F，则GF线为监理人潜在能力线。线上任意一点，如点n，一方面，表明监理人的潜能已充分发挥，另一方面，表明监理人的潜力分为e_1与e_2的比例。与n点相对应，$e_1=0H$，$e_2=0L$。令监理人的潜在能力为 TE，当监理人的潜在能力充分发挥时，则有 $TE = e_1 + e_2$。

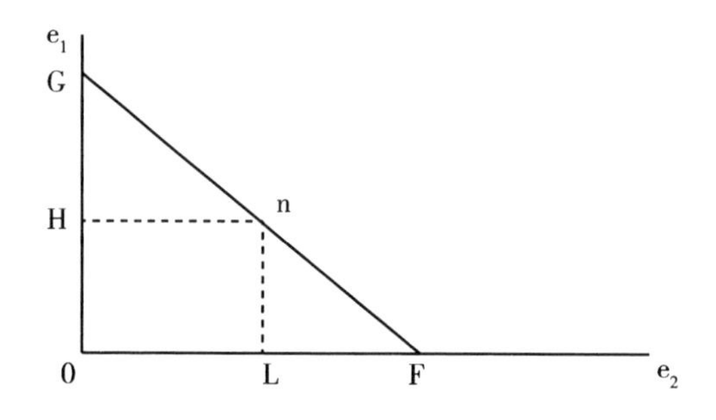

图 3－2　监理人潜在能力

第三个特征，监理人工作努力的程度。监理人工作努力程度可以定义为监理人工作努力量与其潜在能力之比，即：监理人工作努力程度＝监理人工作努力量÷监理人的潜在能力。令监理人的工作努力程度为 Q，监理人实际工作努力量为 TM，则有：$Q = TM \div TE$。在图 3－3 中，设 m 为监理人的行为值，射线 0m 与监理人潜在能力线 GF 相交于 n 点，则监理人的工作努力程度 $Q = 0m/0n$。

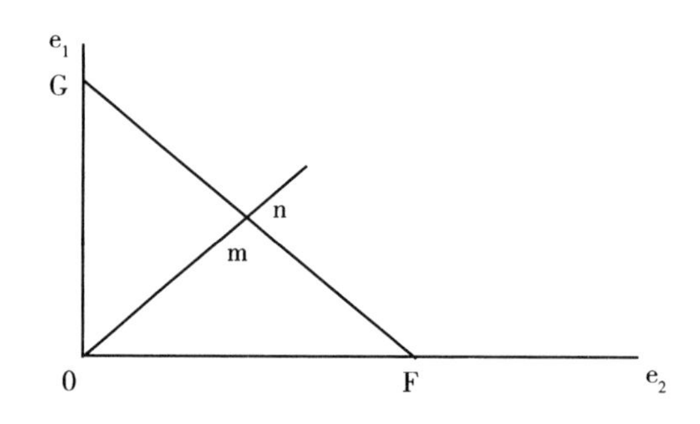

图 3－3　监理人工作努力的程度

在平面 $0e_1e_2$ 中，有无数个点，每一个点都代表监理人行为的一个值，每一个值都有我们上面所描述的三个特征。现在假定，监理人行为已经落在平面中的某一个点上，那么，监理人激励函数将要讨论以下三个问题：①监理人行为是如何生成的？②监理人的行为是否最优？③如果监理人行为不是最优的，应当如何优化？对这些问题的回答，都有赖于对激励函数解释变量的探讨。我们对监理人理想行为的讨论如下。

3.3.2 目标激励函数的解释变量

在目标激励函数中，依据假设，监理人已受到充分激励，因此，监理人的行为取值总是取业主视角下的最优值，即图3-2中的G点。在这一点上，监理人工作努力的方向是完全合理的，且工作潜力也已经充分发挥，做到了“有一分热，发一分光”。在这个意义上，我们可以将目标激励模型称为充分激励模型。在目标模型中，对监理人的激励不再成为问题，剩下的问题是，针对特定的建设项目，业主购买多少监理人服务。由此，我们可以将目标监理激励函数看成是目标监理人生产函数的反函数。据式（3-14），可得：

$$e = -\alpha + \frac{1}{\beta}R \qquad (3-15)$$

式（3-15）的管理学含义是，针对特定的建设工程，为了实现利益最大化目标，从式（3-15）中，我们可以看出，在目标激励模型中，监理人行为的解释变量有三个：α、β和$R_{业}$。下面我们分别对这三个解释变量进行考察。

首先，考察β系数。β系数的管理学含义是监理人的潜在能力。在其他因素既定的条件下，监理人的潜在能力的大小与建设业主所需要购买的监理服务成反比。监理人的潜在能力的大小，则取决于式（3-13）中的影响因子$a_{业2}$，$a_{业3}$，…，$a_{业5}$，即监理人员的素质，监理人的专业配套能力，技术装备，监理人的管理水平，监理人的工作经验。因此，增大β的数值，监理人应从5个方面努力。

就监理人的素质而言，监理人应积极参加监理工程师资格培训学习，掌握监理的基本知识。关于对监理人专业知识的要求，主要体现在其学历和技术职称等方面。一般来说，从事监理工作的人员都应具有大专以上（含大专）的学历。对一个监理人来说，具有大学本科以上（含本科）学历的人员应是大多数。在专业职称方面，具有高级职称的人员应有20%左右，中级职称的人员应有50%左右，具有初级职称的人员应有20%左右，其余10%以下的人员可不要求具备专业职称，如汽车司机、生活服务人员、后勤管理人员等。对于甲级资质监理单位来说，最好还应有与主要经营范围相对应的具有较高权威的专家①。

就专业配套能力而言，监理人的配备与其申请的监理业务范围是否相一致是一项重要的考核内容。如果一个监理人在某一方面缺少专业监理人员，或者某一方面的专业监理人员素质很低，那么，这个监理人就不能从事相应专业的监理工作。根据所承担的监理工程业务的要求，配备专业齐全的监理人员，这是专业配套能力的起码要求。另外，专业配套能力的重要标志，在于各主要专业的监理人员中应当有1~2名具有高级专业技术职称并且同时还取得了《监理工程师岗位证书》。达不到这个标准，就视为该监理人配套能力不强，就应该限制其承接监理业务的范围。当然，一个监理人要配齐能适应各类工程项目建设监理的专业人员是不可能的。即使规模较大的甲级资质监理人，也不可能包容各类专业监理人才。鉴于此，对甲级资质的监理人，也限定了监理业务范围。另外，即使在册的人员中，专业配备比较齐全，但在具体监理业务工作中，也还会发生某个专业的监理人员满足不了工作需要的现象。监理人都应组建成精干的队伍，而不应该无论人才是否有用武之地都蓄养一大批人才造成浪费。因此，可以短期或长期聘用一些专家；或就某项监理业务的需要，而临时聘用；或与其他监理人订立合作监理协议；或者根据专业的需要和业务量大小的变化，与其他监理人建立具有弹性变化的联营关系，以求解决专业配套能力不足的问题。无论是聘用人才也好，实行合作监理、联营监理也好，都必须按照市场经济的要求，签订相应的合同。通过签订合同的形式，明确双方的责、权、利。监理人寻求补充监理力量后，不能形成“客大主小”的局面。就是说，一个监理人以自己的名义承接监理业务后，要以自己在册的监理人为主体开展监理工作。否则，就应当视同“转包监理业务”。转包业务后，就体现不了原有单位的监理水平，而且往往容易出现失误。

---

① 张水波等译. FIDIC设计：建造与交钥匙工程合同条件应用指南［M］. 北京：中国建筑工业出版社，1999，10.

就监理人的技术装备而言，监理人应自行装备基本的设备，但不是所有的设备要监理人自行装备。因为监理人提供的是智力服务，而不是提供服务设施，尤其是大型的、或特殊专业使用的、或昂贵的技术装备均由业主无偿提供给监理人使用。监理人完成约定的监理业务后，把这些设备的残值移交给业主。业主不能提供的设备（如有关建筑材料的物理、化学实验设备、新型的建筑检测设备等），监理人可委托有这些设备的单位代为检测、试验。监理人也没有必要组建成“大而全”的企业。监理人在监理活动中遇到某些专项或特殊的检测等问题，应当走委托或租赁的路子来解决问题。

就监理人的管理水平而言，领导的素质（包括领导者本身的技术水平、领导者的品德和作风、领导艺术和领导方法等）高低至关重要。很难想象，一个没有一定专业能力的领导，或是一个品行不端、独断专行，或者没有领导方法、不懂领导艺术的领导能把一个企业管理好。同时，建立和完善各种规章制度也非常重要。管理工作，说到底是一种法制，即制订并严格执行科学的规章制度，靠法规制度进行管理，而不是单靠一二个领导进行管理。一般情况下，监理人应健全完善以下几种制度：组织管理制度、人事管理制度、财务管理制度、生产经营管理制度、设备管理制度、科技管理制度、档案文书管理制度等。

最后，就监理人工作经验而言，监理人已有的监理经历和已取得的成效非常重要。监理人经历是指监理人成立之后，从事监理工作的历程。监理人已有监理经历和已取得的成效既是对监理人潜在能力的检验和证明，又是一个不断吸取教训、总结经验、提升其潜在监理能力的过程。

接着，我们来考察 $R_{业}$。针对特定的建设工程，服务投入量取决于两大因素：一是监理人潜在能力的大小；二是监理人业务量的多少。关于监理人潜在能力的大小，对于监理人而言，是如何努力提高的问题，已如上述。对于业主而言，则是根据不同监理人既定的潜在能力如何选择最优的监理人的问题。监理人能力反映建设监理人能够监理的工程建设项目的规模与复杂程度。通常情况下，监理人资质是衡量监理人能力大小的指标。

关于监理人业务量的多少，可以用工程建设强度和工程复杂程度两个方面衡量。工程建设强度是指单位时间投入的建设资金数量，即工程投资强度 = 投资 ÷ 工期。工程建设强度越大，要求投入的监理人力就越多。影响工程复杂程度的因素有很多，例如，设计活动的多少，工程地点位置，气候条件，地形条件，工程地质，施工方法，工程性质，工期要求，材料供应，工程分散程度等。可以根据工程的复杂程度不同，将各种情况的工程分为不同级别。例如，分为简单（平均分值 1 ~ 3 分）、一般（平均分值3 ~ 5 分）、一般复杂（平均分值 5 ~ 7 分）、复杂（平均分值 7 ~ 9 分）、很复杂（平均分值 9 ~ 10 分）五个等级。工程复杂程度越低，则需要投入的监理服务量越小；相反，工程复杂程度越高，则需要投入的监理服务量越大。

最后，我们考察自发产出 α 。没有监理人投入，建设工程也会形成一定的产出（$R_{业}$）。这种与监理服务无关的产出，我们称之为自发产出。相应的，与监理人投入相关的产出，我们称之为引致产出。在式（3 - 14）中，α 为自发产出，βe 为引致产出。因此，相对既定的 $R_{业}$ 来说，e 是 α 的减函数。自发产出由模型中的外生变量决定，这些外生变量主要有：业主的理性程度，承建人的业务水平与职业道德水准，国家的宏观监管力度等。

关于业主的理性程度。在现实生活中，任何业主都不可能做到完全理性，但是，业主并非完全非理性者。在完全非理性与完全理性之间存在着一个非常广阔的有限理性区间。有限理性（bounded rationality）的概念最初是阿罗提出的，他认为有限理性就是人的行为“既是有意识地理性的，但这种理性又是有限的”。20 世纪 40 年代，西蒙详尽而深刻地阐释了有限理性的概念。一是环境是复杂的，在非个人交换形式中，人们面临的是一个复杂的、不确定的世界，而且交易越多，不确定性就越大，信息也就越不完全；二是人对环境的计算能力和认识能力是有限的，人不可能无所不知。不同的建设项目业主理性程度不一样。显然，业主理性程度与建设工程的自发产出呈强正相关关系。业主理性越是接近完全非理性，建设工程的产出就越依赖于监理人的工作，自发产出就越小。业主理性越接近完全理性，建设工程的自发产出就越大。如果业主能达到完全理性，则监理人投入没有必要，所有的建设工程产出都成为了自发产出。

关于承建人职业道德水平。监理人存在的价值之一在于遏制承建人的机会主义行为。承建人的职业道德水平与其机会主义行为成反比。在经济人假设与道德人假设两个极端之间，存在着一个漫长的中间地带。不同的承建人，其职业道德水平不一样，分布在这个漫长的中间地带的不同位置。职业道德水平越低，机会主义行为倾向就越严重；职业道德水平越高，机会主义行为倾向就越微弱。如果承建人是一个纯粹的道德人，那么，他们的机会主义行为就完全消失，监理人也就失去了存在的必要，建设工程的全部产出也就成为了自发产出。可见，承建人的职业道德水平与建设工程的自发产出呈正相关关系。

关于国家对建设工程的宏观监管力度。政府对建设工程的宏观监管是指有关政府部门对建设工程实施强制性约束和对建设监理人工作进行的监督管理。政府对建设工程的宏观监管覆盖了工程建设活动的两个阶段，即建设项目决策阶段和实施阶段。两个阶段分别由计划部门和建设部门实施监管。政府的宏观监管工作主要是立法和执法，体现为规划、监督、协调与服务。政府的宏观监管对建设工程和各参与主体形成了强制性的行为规范。显然，政府对建设工程的宏观调控方向、力度大小等因素对建设工程的自发产出有着极其重要的影响。

总之，在建设工程的目标激励模型中，监理人行为主要受外生变量调节。监理人的努力方向和力度在模型中作为既定的参数存在，监理人的主观能动作用主要体现在潜在监理能力的提升上。这种监理激励函数也类似于生产函数。外部环境给定各种投入要素（$R_{业}$、α），监理人产出相应的监理服务。

以上我们分别讨论了建设监理人机会主义行为消失的两个条件。这两个条件都是充分条件，只要具备其中的一个，监理人的机会主义行为倾向就不会存在，建设监理人之目标模型就能够成立。在讨论了目标模型成立的前提条件之后，我们就可以讨论目标模型本身。关于监理人机会主义行为，大体上可以分为两大类：一类是监理人机会主义行为中的解释变量，讨论监理人行为变化所带来的效应，本书称之为监理人生产函数；另一类是监理人机会主义行为中的被解释变量，讨论监理人行为的生成机理，本书称之为监理人激励函数。下面两章分别对这两类监理人的机会主义行为进行讨论。

第4章

建设监理人偷懒行为研究

第3章我们探讨了建设监理人的理想行为。本章我们将放松严格的理想状况假设条件，研究现实条件下的监理人各种机会主义行为。其中，监理人偷懒行为便进入了我们的研究视野。下面将研究监理人偷懒的产生条件，监理人偷懒行为的生成机理与监理人偷懒防范。

4.1 监理人偷懒产生的条件

当建设业主不完全了解监理人信息时，监理人的目标函数可能会背离业主的目标函数，此时建设业主的任务授权在实施过程中将面临监理人的机会主义风险，而这种机会主义行为给建设业主造成的损失通常被认为是监理契约的交易成本。信息不对称是当事人之间目标不一致的源泉之一（威廉姆森，1975）。但即便在信息对称条件下，经济人对个人利益最大化的追求也会导致当事人之间目标的不一致，只不过信息的不对称加剧了目标的不一致性。但分析经济人的更为本质的行为以及激励问题是解决代理问题的关键。因此，激励理论的出发点是建立在委托代理理论基础上的。

监理人的非公开信息可以分为两大类：第一类，业主或第三者无法观察到的行为，即监理人的隐匿行动，或无法获知监理人所拥有的关于成本或价值的私人信息，即为隐匿信息。代理理论将分别研究隐匿行为与隐匿信息情况下委托人资源最优配置的路径。第二类，不可验证的信息。假设业主与监理人在事后拥有的信息完全一致，但没有任意第三方权威机构能够观察到信息并予以验证。在此情况下，当事人所谓的共同信息在本质上是不可验证的，而不可验证的信息在很大程度上决定了监理契约的不完全契约性。监理人私有信息是监理契约成为不完全性的重要原因，也是监理人问题产生的重要源泉。由于业主不能直接全过程观察施工阶段承建人的具体运作，工程建设的不确定因素较多。特别是隐蔽工程，一旦完成转入下道工序，将很难再进行检查和验证。所以要依靠监理人提前介入，通过过程监督实施管理和控制。由于建设监理人是具备独立利益诉求的理性“经济人”，在业主没有时间或者有时间但没有能力去观察监理人行为时，监理人可能利用自己的信息优势，实施隐藏行动的道德风险——偷懒行为。

委托代理理论研究的主要是经济主体之间在信息不对称情况下的激励问题，所以先做以下合理假设：①委托人和代理人都是经济人，行为目标都是为了实现自身效用最大化。②委托人和代理人之间利益相互冲突。③委托人和代理人之间信息不对称。

委托人和代理人都是经济人，行为目标都是为了实现自身效用最大化。在委托代理关系中，代理人更多地努力或付出，就可能有更好的结果，而委托人最关心的是结果。代理人却不感兴趣，代理人最关心付出的努力，委托人却没有直接的兴趣。委托人的收益直接取决于代理人的成本（付出的努力），而代理人的收益就是委托人的成本（支付的报酬），因而委托人与代理人相互之间的利益是不一致的，代理人不会为了委托人利益最大化而努力工作。另外，在委托代理关系中，委托人并不能直接观察到代理人的工作努力程度，即使能够观察到，也不可能被第三方证实。而代理人自己却很清楚付出的努力水平，但委托代理理论认为代理结果是与代理人努力水平直接相关的，且具有可观察性和可证实性。由于委托人无法知道代理人的努力水平，代理人便可能不付出有效的努力。代理人努力水平的不可观察性或不可证实性意味着代理人的努力水平不能被包含在契约条款中，因为契约即使包含了这一变量，如果出现违约，也没有第三者能知道代理人是否真的违约，从而无法得到证实。

4.2 监理人偷懒行为生成机理

为不失一般化，我们假设建设业主可以选择的策略是监督或不监督，而监理人和承建人可能选择努力或偷懒，而建设业主对监理人的真实行为则可能查出或者未查出，但一旦查出，监理人与承建人的偷懒行为将受到惩罚。由于监理人的介入，建设工程将实现工期缩短、质量提高或投资节约等效率提升，假设效率提升为 W，即监理人应然努力水平下的建设产出的增加，而业主实际增加的产出收入为 Y，并假定工程监理人工作成绩只受自身因素影响。则当 $W-Y>0$ 时，意味着监理人没有尽责，即存在偷懒行为。当 $W-Y=0$ 时，意味着监理人对业主尽职尽责，不存在偷懒行为。我们假设监理人与承建人之间不存在合谋，监理人的努力状况决定了承建人的努力状况。

4.2.1 模型假设与构造

假定监理人由于工作不努力而可以获得的外在收入为 R_1，承建人因此也可以获得外在收入 R_2，建设业主的监督成本为 C。

（1）当建设业主选择不监督时，监理人和承建人存在偷懒时，工程监理、承建人及业主获得支付分别为：R_1，$W-Y+R_2$ 和 $-(W-Y)$；

（2）当建设业主选择不监督时，监理人和承建人也不存在偷懒时，监理人、承建人及业主获得支付分别为：0，0 和 0；

（3）当建设业主选择监督但未发现监理人偷懒，而事实上监理人和承建人存在偷懒时，监理人、承建人及业主获得支付分别为：R_1，$W-Y+R_2$ 和 $-(W-Y)-C$；

（4）当建设业主选择监督并且发现监理人和承建人偷懒时，业主不仅对监理人处以惩罚 F_1，而且对承建人处以惩罚 F_2，此时监理人、承建人及业主获得支付分别为：R_1-F_1，$W-Y+R_2-F_2$ 和 $F_1+F_2-(W-Y)-C$；

（5）当建设业主选择监督时，发现监理人和业主不存在偷懒，监理人、承建人及业主获得支付分别为：0，0和$-C$。

另外，假设监理人偷懒概率为P_J，业主实施监督的概率为P_Y，业主实施监督且查证成功的概率为P_c，说明业主监督的效率。根据上述分析和假设，监理人、承建人和业主三方博弈模型如表4-1所示。

表4-1　　　　监理人、承建人和业主三方博弈支付

		业主		
		监督概率（P_Y）		不监督概率（$1-P_Y$）
		查出概率（P_c）	未查出概率（$1-P_c$）	
监理人	努力概率 $1-P_J$	0 0 $-C$	0 0 $-C$	0 0 0
	偷懒概率 P_J	R_1-F_1 $W-Y+R_2-F_2$ $F_1+F_2-(W-Y)-C$	R_1 $W-Y+R_2$ $-(W-Y)-C$	R_1 R_2 $-(W-Y)$

4.2.2　模型分析

（1）当给定监理人和承建人偷懒概率P_J时，业主进行监督和不监督的预期收入分别为：

$$\pi_1=P_J\{P_c(F_1+F_2-(W-Y)-C)+(1-P_c)[-(W-Y)-C]\}+(1-P_J)(-C) \tag{4-1}$$

$$\pi_2=P_J[-(W-Y)]+(1-P_Y)0 \tag{4-2}$$

令 $\pi_1=\pi_2$

$$P_J\{P_c(F_1+F_2-(W-Y)-C)+(1-P_c)[-(W-Y)-C]\}+(1-P_J)(-C)=P_J[-(W-Y)]$$

即 $$P_J^* = \frac{(1-P_C)[(W-Y)+C]+C}{P_C(F_1+F_2)} \tag{4-3}$$

也就是，当业主进行监督和不监督的期望收益无差异时，监理人和承建人进行偷懒的最优概率为 P_J^*。当监理人和承建人以概率 $P_J > P_J^*$ 选择偷懒时，业主的最优选择是监督；当监理人和承建人以概率 $P_J < P_J^*$ 实施偷懒行为时，选择不监督是建设业主的最优行为；当监理人和承建人以概率 $P_J = P_J^*$ 实施偷懒行为时，随机监督是建设业主的最优选择。

（2）给定业主监督的概率 P_Y 时，监理人选择偷懒与努力工作的期望收入分别为：

$$\pi_3 = P_Y[P_c(R_1-F_1)+(1-P_c)R_1]+(1-P_Y)R_1 \tag{4-4}$$

$\pi_4 = 0$，

令 $\pi_3 = \pi_4$ 即 $P_Y[P_c(R_1-F_1)+(1-P_c)R_1]+(1-P_Y)R_1=0$

$$P_Y^* = R_1/P_cF_1 \tag{4-5}$$

也就是，当监理人选择偷懒和努力工作的期望收入无差异时，业主实施监督的最优概率为 P_Y^*。当建设业主监督监理人的概率为 $P_Y > P_Y^*$ 时，努力工作是监理人的最优选择；当建设业主监督监理人的概率为 $P_Y < P_Y^*$ 时，监理人的最优选择是偷懒；当业主以概率 $P_Y = P_Y^*$ 选择监督时，监理人的最优选择是随机地选择偷懒或努力工作。另外，监理人偷懒的期望收益为，

$$\begin{aligned} E\pi_3 &= P_Y[P_c(R_1-F_1)+(1-P_c)R_1]+(1-P_Y)R_1 \\ &= (R_1-P_YP_cF_1) \end{aligned} \tag{4-6}$$

式（4-6）表明，在监理人外在收益与罚金一定的情况下，监理人的期望最大值取决于 P_Y 和 P_c，而 P_Y 和 P_c 分别与监理人偷懒的期望收益成反比。业主的监督概率越小以及监督查出问题的概率越小，监理人偷懒的期望收益越大，因而监理人越具备偷懒的动机。业主的监督概率越大以及监督查出问题的概率越大，监理人偷懒的期望收益越小，因而监理人弱化努力的动机越小，偷懒水平越低。另外，在国有建筑工程中，由于国有建设业主代理人缺乏真正的资本化人格，其对工程质量的监督概率 P_Y 以及

查出问题 P_c（国有建筑工程重大质量问题往往不是事前主动查出，而是事后被动暴露）要远远小于私人业主。所以，国有业主代表监督的小概率以及查出问题的小概率将导致监理人有选择偷懒行为的偏好与动机。

4.3 监理人偷懒行为的防范

委托代理理论研究的主要假设：①委托人和代理人都是经济人，实现自身效用最大化是其各自的行为目标。②委托人和代理人之间行为目标相互冲突。③委托人和代理人之间存在信息不对称。当委托人与代理人的利益不一致且信息不对称时，代理人可以选择努力工作或者不努力工作，即会产生道德风险，而对偷懒行为的主要防范手段是激励。

激励是指委托人如何使代理人通过更高的努力来实现委托人的目标，这种努力以能够满足代理人个体某些需要和动机为条件。根据对代理人的不同影响，激励又分为正激励和负激励。正激励，是对人们的某种行为或行为后果所给予的奖励和表彰。负激励则是指对人们的某种行为给予否定、制止和惩罚，使之避免与委托人期望不符的行为和结果。

4.3.1 “偷懒”的防范——正激励

为了达到激励代理人的目的，委托人可以制订相应的方案。代理人可能发生逆向选择，道德风险以及不可验证性等三类信息问题将带来不同的代理成本。将不同类型的信息引入不同的分析框架是分析不同类型代理成本的关键之一。因此，激励设计一般分为两类，其一，委托人针对代理人的隐蔽信息设计出使代理人“自觉地”显示其真实的私人信息措施。代理人没有与委托人谈判的资格，委托人将与代理人签订一个“要么接受，要么走人”的契约。其二，假设契约的强制执行可以由一个公正的法庭来确保，并能够严厉处罚违约方。一般来说，委托人制定相应的规则，使代理人在选择与不选择委托人的标准或目标时，从自身效用最大化出发，自愿地或不得不选择与委托人标准或目标相一致的行动。委托人设计方法可以概括为以下两种：首先，让代理人自觉地显示其偏好，即所谓的“如何让人说真话”。其次，使代理人“主动地”尽最大努力工作，以使得代理人不会采取道德风险行动，即所谓的“如何让人不偷懒”。

1. 效率工资的引入

委托人为了刺激代理人的工作热情和效率，或者为了提高寻求其他工作的机会成本，愿意为代理人支付比市场平均薪酬更高一些的工资，以实现参与约束的激励原则。效率工资制是经典的代理人激励机制，它解决代理人偷懒行为的重要方法。

我们以相关模型对其进行讨论。首先，将代理人的效用函数设定为：U（W，e）=W-e（W 为工资，e 为代理人的努力程度）（Shapiro and Stiglitz，1984）。假定代理人只有两种选择：努力工作，e>o；或者偷懒，e=0（放松该假定，即使代理人的努力程度是一个连续型变量，也不会改变模型的基本结论）。代理人在任何时候都处于下面两种状态之一：就业或失业。单位时间内外生事件以 b 的概率导致代理人离职（比如由于迁移等原因）。外生离职使得代理人失业。代理人以贴现率 r（r>o）最大化其预期效用。代理人将选择努力水平。如果代理人选择努力工作，他将被支付工资 W，厂商将持续雇用其劳动力。如果选择偷懒行为，假设代理人以偷懒而被发现概率为 q，如果被发现，他将被解雇，被迫进入失业队伍。代理人在失业后重新找到工作的概率称为工作复获率。代理人以实现效用贴现的最大化目标来选择工作努力水平。假设代理人失业保险金 w，V_1 为偷懒者的预期效用贴现值，V_2 为不偷懒者的预期效用贴现值，V 为失业者的预期效用贴现值。我们比较代理人偷懒和不偷懒所获得的效用。根据资产价值与利率之积等于预期资本的增值与收益之和，我们可以得出下面两个等式。对偷懒者而言，其资产等式为：

$$RV_1 = W + (b+q)/(V - V_1) \quad (4-7)$$

对非偷懒者，其资产等式为：

$$RV_2 = W - e + (V - V_2) \quad (4-8)$$

解等式（4－7）和等式（4－8），可得

$$V_1 = [W + (b+q)V]/(r+b+q) \quad (4-9)$$

$$V_2 = [(W-e) + bV]/(r+b) \quad (4-10)$$

当 $V_1 < V_2$ 时，工人不会偷懒，解方程（4－9）和方程（4－10），可得：

$$W \geqslant rvu + (r+b+q)e/q \quad (4-11)$$

我们将式（4－11）称为无偷懒条件（NSC），其含义如下：

首先，代理人在被解雇或者受惩罚风险很小的情况下会选择偷懒。当 $V = V_2$ 时，意味着被解雇的代理人没有受到惩罚，其在就业市场上能够立即找到工作，则 NSC 条件得不到满足。其次，当代理人获得足够高的报酬时，代理人就不会偷懒。委托人需要支付的工资水平由以下因素决定：

（1）努力程度（e）；

（2）被解雇的预期效用（V）；

（3）偷懒被发现概率（q）；

（4）偷懒所得与解雇所失之比（r）；

（5）市场就业机会（b）。

2. 引入最优契约——激励约束的角度

解决代理人偷懒的一种方法是规定效率工资，但是最优契约的设定，往往也可以约束并激励代理人行为（Holmstrom，1971）。假设代理人努力程度为 e，G 为自然状态 θ 的随机分布函数，g 为自然状态 θ 的随机密度函数，r 为代理人产出；u 为代理人效用函数（假设 $u' > u$，$u'' < 0$）。同时，假设委托人效用函数为 v 且 $v' > v''$，$v'' < 0$ 。由此可得，代理人效用为 $u(w,e) = u(w) - c(e)$，委托人效用为 $v(r,w) = v(r-w)$。这样，委托代理问题就可表述为，委托人期望效用函数最大化：

$$\max \int v(r-w) f(r/e) dx \quad (4-12)$$

代理人参与约束：

$$\int u(w) f(r/e) dx - c(e) > u \quad (4-13)$$

代理人激励相容约束：

$$\max\int u(w)f(r/e)dx - c(e) \tag{4-14}$$

首先，当委托人与代理人信息对称时，代理人努力水平能够被观察或证实。委托人可根据被观察或被证实的努力水平对代理人进行奖惩。代理人则选择努力程度的高低以实现预期收益最大化。此时，代理问题转化为代理人参与约束条件下委托人效用最大化问题。利用最优化原理，我们可计算出最优解为 $\lambda = v'(r-w)/u'(s)$。λ 表示代理人参与约束乘数，我们可知 λ 为常数，即在信息对称情况下，对于任意 r，委托人边际效用与代理人边际效用之比为常数。一般地，当委托人与代理人分别偏好风险中性与风险规避时，最优契约是代理人不承担任何风险地获取固定工资，而委托人承担全部风险。当代理人与委托人分别偏好风险中性与风险规避时，最优契约是委托人无风险地得到固定收入，而代理人承担一切风险。当两类行为主体都属于风险规避类型时，则委托人与代理人都要承担风险，而风险承担比例取决于其各自的风险规避度。

对于不对称信息条件下，以上结论会有所不同。假设委托人风险中性，由于委托人无法观察到代理人的努力水平，而在代理人薪酬与其行为绩效无关的条件下，代理人弱化自己的努力，委托人获得的收益将少于前一种情况。所以，激励相容是信息不对称情况下必要的约束条件。

假定 e_1 和 e_2 分别为代理人的两种努力状态，与努力水平对应的代理人负效用分别是 C_1 和 C_2，对应地，代理人努力产出的条件密度函数分别为 f_1（r/e）和 f_2（r/e）。在不对称信息条件下，只有当代理人薪酬取决于最终结果（必须是大于低努力时获得薪酬），委托人设计的契约才能促使代理人选择高努力水平。此时，委托代理问题转化为，最大化委托人效用：

$$\max W(\cdot)\int(r-w(r))f_1(r/e)d(r) \tag{4-15}$$

面临激励相容约束：

$$\int u(w(r))f_1(r)dr - C_1 \geqslant \int u(r)f_2(r)dr - C_2 \tag{4-16}$$

面临参与约束：

$$\int u(w(r))f_1(r)dr - C_1 \geqslant u \tag{4-17}$$

运用拉格朗日乘数法对式（4-15）、式（4-16）、式（4-17）求解，得出最优契约特性为 $1/u'(s(x)) = \lambda + \mu(1 + f_1/f_2)$。其中 f_1/f_2 是代理人行为似然比，该比值表明努力水平 e_1 对结果 r 的贡献程度：f_1/f_2 越小，表明代理人努力程度对产出的贡献度越强。当产出 r 被观察到时，行为似然比越大，代理人努力水平为 e_1 的概率越低。对信息不对称条件委托人最优化问题的分析表明，当代理人努力水平无法观察时，在激励与参与约束条件同时满足的情况下存在效率损失（Hart et al，1987），无法实现帕累托最优效率选择。次优契约是由具有目标冲突的代理人在权衡中决定的，代理人必须因此而承受部分风险。

4.3.2 “偷懒”的防范——负激励

负激励是指对人们的某种行为给予否定、制止和惩罚，使之避免与委托人期望不符的行为和结果。它是通过对人的错误动机和错误行为进行压抑和制止，促使其幡然悔悟，改弦更张，对不好的行为进行反向激励的方法。

委托人与代理人的契约通常有关于代理人行为的规范要求，违反者会受到一定的制裁。在不断的正激励作用下，代理人的边际满足程度递减。所以，一味强调正激励可能会造成人们“欲壑难填”，正激励可能不能达到良好的激励效果。因此，对行为产生纠正的负激励可能会更为有效和持久。心理学家认为，在价值可计算的情况下，损失某种效用的价值要高出获得相同效用价值的两倍（Tversky and Daniel Kahneman，1992）。因此，当传统的正激励不能有效地发挥作用或者作用不大时，可以实施罚款、批评甚至结束合同等负激励。对于具有“偷懒动机”的人，负激励是让他知道偷懒将受到惩罚。詹森和墨菲（Jensen and Murphy，1990）认为，对绩效较差的经营者解雇的威胁能够产生增值激励，即负激励模型。

假设建设业主对监理人能力与努力程度等私人信息并不了解，业主只能观察到产出 Y。假定产出为 $Y_1 < Y_2 < \cdots < Y_n$，即产出可以排序。假设当 P_{IK}为当努力水平为 e_k 时，产出水平为 Y 的概率，对所有（I，K）有，$P_{IK} > 0$，且 $\sum P_{IK} = 1$。这里，e_k 是监理人的行动组合中的某一特定行动，h 和 l 分别表示努力程度的高低。努力的成本函数为 C(e)，满足 $C'(e) > 0$，$C''(e) > 0$，即努力的边际负效用递增。我们假定 $Y'(e) > 0$，$Y''(e) < 0$，即努力的边际产出为正，但努力的边际产出率递减。

委托人提供基于产出 Y 的工资合同 W(Y)，监理人可以接受或者拒绝合同。如果拒绝，监理人得到保留效用 U，委托人所获得支付为 0，如果接受，监理人可以选择高或者低的努力程度。建设业主和监理人的期望效用函数分别为 $V = V(Y - S)$ 和 $u(S(Y) - C(e))$，假定建设业主和监理人都是风险规避的，即风险最优分担要求每一方都承担一定的风险。监理人的问题是：

$$\max \sum_{i=1}^{n} pihV(Y - S(Y)) \tag{4-18}$$

$$St \sum_{i=1}^{n} pihu(S(Y)) - C(e) \geqslant \bar{u} \qquad (IR) \tag{4-19}$$

$$\sum_{i=1}^{n} pihU(S(Y)) - C(e) \geqslant pilu9s9y0 - c(E) \quad (IC) \tag{4-20}$$

最优化问题一阶条件为：$-V'pih + \lambda\mu'plh + \mu u'(pih - pil) = 0$

整理得到：$\frac{v'(Y - S(Y)}{U'(S(Y))} = \lambda + \mu(1 - \frac{pil}{pih})$ (4-21)

对监理人努力程度的贝叶斯判定：

为了判定监理人的努力程度，建设业主可以选择一个参照产出 Y^*，对应于这个期望产出的监理人努力水平为 e^*，满足 $\sum_{i=1}^{n} pi,ey = Y^*$，则监理人实际的努力程度只能是 e^*。因此，激励相容约束 IC 是多余的（张维迎，1996)，委托人的问题可以简化为：

$$\max \sum_{i=1}^{n} pihV(Y - S(Y)) \tag{4-22}$$

$$St\sum_{i=1}^{n}pihu(S(Y))-C(e)\geqslant\bar{u} \qquad (4-23)$$

当监理人偷懒且被发现而面临被解雇或被追究刑事与民事责任时，监理人将不敢存在这种侥幸心理，从而放弃偷懒行为。负激励合同是对监理人因偷懒行为降低监理产出而设计的惩罚性合同。当努力与偷懒的产出集合不同，且前者产出一定高于后者时，建设业主可以根据产出的结果来判断监理人是否偷懒，对其实施惩罚措施可以取得最优的效果。所以，对监理人来说，偷懒将承担巨大的风险。当然，当对监理人的惩罚力度有限或者监理人行业过度竞争，行业内报酬差距不大时，这种负激励未必会取得最优效果。因此，对监理人的负激励取决于以下几个条件：①监理人不是强烈的风险规避的；②监理人工作成效与其工作状况（偷懒或努力）密切相关；③监理人能够收到严厉的处罚；④建设业主执行严厉处罚的威胁是可信的。

第 5 章

建设监理人合谋行为研究

第 4 章我们论述了建设监理人的一种机会主义行为——偷懒行为。但在非理想状况下，监理人还存在另一种机会主义行为——合谋行为。合谋包括横向合谋与纵向合谋。前者是监理人与承建人之间的合谋，后者是业主代表与监理人之间的合谋。本章主要以监理人的纵向合谋为研究焦点。原因有二：其一，将横向合谋理论应用于建设主体关系的研究相对充分与成熟，而纵向合谋理论在分析我国建设主体关系的研究中尚具空间。其二，监理人纵向合谋大量存在于我国特有的国有建设工程中且危害巨大。本章将从这种合谋的产生条件、生成机理与合谋抑制等三方面展开。

5.1

合谋产生："内部人"控制与监理人独立性缺失

在当前我国建设资金来源中，政府投资部分占据 70% 左右。监理人的工作在工程实践中往往受到国有建设业主代表（建设单位政府官员）不规范行为的非法干涉，出现了许多尴尬的局面，如有的国有建设业主代表随便更改设计或施工要求，却要监理人"积极配合"，或者国有建设业主代表对建设监理人不放心，怀疑监理人与施工单位合谋蒙骗，处处对监理人进行监督与干涉，国有业主代表甚至与施工单位相互串通，暗箱操作，或者有意变更设计，增加投资，默许施工单位使用不合格的材料，或者对于存在的一些质量问题不予深究，却要监理"签字认可"。面对种种不合理的要求，许多建设监理人并不敢理直气壮地坚持按照规定和合同实施监理，为了获得工程与监理费，只好委曲求全而置工程质量于不顾，这些现象在工程监理领域可以说是司空见惯。

以上现象表明，建设监理法律法规赋予监理人的独立性大打折扣。建设监理人在国有建设工程的监理实践中不能独立行驶监理职责，国有建筑工程质量没有得到监理人应有的监护。建设监理人的独立性是公正性的基础和前提。对于国有工程，监理人如果没有独立性，就失去强制监理的意义。只有真正成为独立的第三方，才能起到协调与约束的作用，从而提高建筑工程的质量。

在国有建筑工程中，长期存在以政府业主代表为主导的“内部人”控制。与此同时，保证和促进建设监理独立性的监理市场声誉机制几乎失效，建设监理因缺乏必要的独立性而被迫就范，与政府业主结成纵向合谋体的可能性大大增加，建设监理人因与政府业主代表存在纵向合谋而使得建设监理职责存在事实上的虚置，客观上造成了国有工程的质量与安全危机频现。因而，现有的强制性建设监理制度并没有发挥很好的作用。

由于国有建设工程始终存在所有权与控制权相分离，国有建设工程的终极委托人是“全民”，但“全民”是个虚拟化概念，缺乏具体行为能力。工程项目所有者（全体公民）与国有项目经营者（政府业主代表）利益不一致，导致国有项目经营者对建设工程的投资、进度、建设等全方位控制，即国有建设工程的“内部人”控制。国有建设工程产权虚置为建设业主代表“内部人”控制创造了条件，政府业主代表对国有建设工程的超强行政干预是委托权与代理权形成纵向合谋，攫取租金的制度基础。

建设监理对政府业主代表要承担正式的契约责任，并接受他们支付的报酬，这使得建设监理产生了对于后者的经济依赖。建设监理的这种利益倾向会削弱他的独立性，而在“内部人”控制的情况下，这种削弱更加厉害。在国有建筑工程中，对建设监理人独立性的侵蚀主要来自国有建筑工程业主代表。政府业主代表只不过是代表全民管理公共建筑的建设，而国有建筑工程所有权的人格化主体缺位，造成国有建筑工程产权的实质性空置。虽然国家对政府投资工程，大型民用住宅等关系到国计民生的建设工程实施了强制监理制度，但缺乏独立性的监理人，无法抗衡和纠正国有建设业主代表的非法干预。往往是在发生重大质量安全问题之后才去追诉政府业主代表的责任，这给国家和社会造成了不可挽回的巨大损失。国有建设业主代表对监理人的选择有绝对话语权，坚持依法实施监理工作的建设监理人往往难以履行或完成委托人的“任务”，监理人会因为“不听话”甚至难以在国有工程的建设监理人市场获得更多的监理机会，久而久之，建设监理人独立性丧失殆尽，强制监理制度形同虚设。

5.2 监理人合谋分析

建设监理人的行为是影响工程施工质量的重要因素。强制性监理制度的建立为减少建设业主与承建人之间的信息不对称，减少承建人的信息租金，提高承建人为建设业主工作的努力水平提供了制度保证。然而，建筑产品自身具有的特点在一定程度上阻隔了监理人信息的表达和验证：其一，建筑产品的固定性，材料的多样性与生产过程的流动性带来了施工管理的多变性和复杂性，这客观上为监理人全面地监督和精准地评价建筑产品质量带来了困难。其二，建筑产品内部结构与质量具有隐蔽性，除非发生诸如倒塌、人员伤亡等重大事故，产品即使存在质量隐患，其“罪证”一般很少被发现，更不会求诉于第三方去验证。其三，即便是建筑产品存在各种可能的质量问题，由于建筑产品的生产具有严格的时序性和不可逆性，非专业化的业主难以证实监理人信息，或即使是专业化的检验机构也因其质量检验的成本过高或代价太大而根本无法实施。这些特点说明业主是难以证实监理人报告信息的，建筑监理信息中含有大量不可验证性的软信息。

5.2.1 监理人信息结构类型

泰勒尔（1986，1992）完成了硬信息合谋问题分析的基本框架，并总结出委托人可以从创造对监管者的激励、减少合谋利益、提高合谋的交易成本等三个方面来防止合谋；拉丰和泰勒尔（1993，2002）成功地将这一框架运用到诸多不同问题，比如政府采购、规制收买、拍卖偏好以及成本稽核合谋。可夫曼和劳瑞（1993，1996）将其结果运用到审计合谋，指出外部审计员比内部审计员更不易合谋，因此，使用外部审计员对委托人更为有利；拉丰和马梯芒（1999）则证明将监督权在数个监督者之间的分割也可以阻止合谋动机；巴利加和肖斯特罗姆（1998）的研究也表明分权能实施最优的防合谋合约（collusion-proof contract）。而霍姆斯特罗姆，米尔格罗姆（1990）和瓦里安（1990）则认为监管者和市场主体之间的实际或者潜在的合谋往往都是以隐藏信息披露的方式而存在，而这必然导致对初始委托人的损害，或者说，委托人无从对代理人的行为构成现实约束。但沃尔特（1999）等针对防止合谋的价值角度，从不同特征信息的角度，研究了信息的价值对合谋监管的影响，在委托人—监管人—代理人框架下的合谋问题中，委托人对监管人信息质量存在不同的偏好。董志强（2005）考察了硬信息环境下，有成本的合谋惩罚机制对防止合谋合约结构的影响，认为防止合谋要在激励报酬与惩罚机制之间进行权衡。本书将使用泰勒尔（1986，1992）的软信息模型，而对硬信息模型和组织中的合谋问题不再赘述。

委托人一般不拥有代理人的私人信息，而是通过监管者提供的报告来获知代理人的信息类型，因而，监管者提供报告的信号结构对委托人有着重要意义。信息结构分类表明，建设业主可以根据监理人的报告而获得不同层次的效用。对业主而言，可伪造的“硬信息”比不可伪造的“硬信息”更具风险，而软信息也比可伪造的硬信息风险更大，因为在这种情况下，监管人可能按照承建人事先“选定”的信息向业主报告，从而扭曲相关信息（见表 5-1）。

表 5-1　信息结构类型

代理关系中的信息类型	信息特征
不可伪造的“硬信息”	监管人信息可证实，但也可以向委托人掩盖该信息
可伪造的“硬信息”	监管人信息可证实，但在代理人的帮助下可以对信号造假
软信息	监管人的信号不可证实，因此可以向委托人任意报告

资料来源：根据泰勒尔，可夫曼（1992）与巴利加（1999）等的文献整理。

监管者与代理人合谋的可能性随着监管者提供的信号而变化。一般的结论是：信号是否可以验证影响到合谋的难易程度。当信号是硬且不可伪造时，若监管者提供的信号是噪音信号，即当监管信息报告的质量不是很好的时候，代理人和监管者合谋的可能性大。

泰勒尔（1986）提出，当监管人拥有的关于代理人信息是"硬信息"时，监管人信息对委托人的重要价值，因为在监管人与代理人合谋时，监管人存在隐藏可证实证据的动机，并指出当代理人与监管人合谋时，软信息将变得无意义。而巴利加（1999）修正了该结论，进一步指出即使在合谋存在的情况下，监管人的软信息委托人还是有价值的，并认为监管人拥有的关于代理人信息在"软信息"条件下（也就是说由监管人提供的信息不能被证实或支持），委托人实施最优合同的成本与硬信息下的相同。

本章以巴利加（1999）模型为基础，对代理人产出函数与监管人信息结构的假设做出部分修改。首先，与泰勒尔（1986）和巴利加（1999）不同，我们认为承建人的产出由努力与技术决定，承建人努力可以决定产出，进而影响建设业主福利。其次，引入监理人不完全信号，假设监理人可能完全知道承建人的真实信息，也可能只是部分了解或根本不知道。本章结构是这样安排的：首先，给出基本模型；其次，讨论诚实的监理人，也即无合谋情况建设业主的均衡；最后，研究软信息条件下合谋行为对建设业主福利的影响。

5.2.2 模型假设

考虑一个由建设业主、监理人与承建人三层级组成的合谋博弈。建设业主雇用承建人完成一项任务。设承建人的生产函数为 $x = e\theta$，其中 e 为承建人努力程度，θ 为承建人的生产技术率，x 为承建人提供的产品或服务，也就是承建人的工作绩效。设建设业主可以观察到产品或服务 x，但不能观察到承建人的生产技术率 θ 和努力程度 e。因此，建设业主只能凭借承建人的工作绩效 x 向其支付工资 t，假设建设业主知道承建人努力程度的可能赋值为 e_h 和 e_l，且 $e_h > e_l > 0$，承建人努力程度的先验概率为 $q = Pr$

$(e=e_h)$，$q\in(0, 1)$，参数 e_h 代表承建人较高的努力水平。同时，假设承建人的努力成本为 $c=e^2/2$。假设业主向监理人的支付为 w。

为了得到关于承建人努力水平的真实信息，业主决定引入监理人，监理人的价值在于他能减少建设业主与承建人之间的信息不对称。假设监理人的信号为 σ，其赋值 p 表示监理人知道承建人类型的概率，1－p 为监理人不知道承建人类型的概率（$\sigma=0$）；给定承建人的类型，监理人观测到其真实类型的概率为 pα（如 $\sigma=e$），观察到其类型为非真实的概率为 p（1－α）（如 $e=e_h$，而 $\sigma=e_l$），当 pα 的值趋近于1时，表明监理人信号质量好，因为监理人知道承建人的真实类型。监理人将报告 $r\in\{0,e_h,e_l\}$ 递交给建设业主，业主向其支付 $w\geqslant 0$ 作为报酬。在软信息条件下，也就是说监理人不能用可证实的证据来支持其报告的真实性。假设承建人向监理人支付的合谋报酬（side payment）为 b，该支付对监理人效用为 $v(b)=kb$，k 为效用系数，$0\leqslant k\leqslant 1$。

5.2.3　博弈时序与效用

三方博弈的时序如下，在时间 $\Gamma=0$ 时，承建人知道 e 和 σ，监理人知道 σ。在 $\Gamma=1$ 时，建设业主提供契约给监理人和承建人。三方签约，在 $\Gamma=2$ 时，承建人选择努力水平 e，生产出价值为 x 的商品或服务。假设各方都是风险中性，业主、监理人与承建人的效用分别是 $u_P=x-t-w$，$U_S=w+kb$，$U_A=t-b-e^2/2$，承建人与监理人的保留效用为 $u'_A=u'_S=0$。

5.2.4　模型最优解

当能够观察到承建人的真实努力和类型时，业主的问题可以简化为 Max（$\theta_j e-wL$）目标下，对努力与转移支付的选择，代理人的参与约束为 $t-e^2/2$，对于 $j\in(h, L)$ 都成立。该问题的最优解是：

$$e_j^{FB}=\theta_j \tag{5-1}$$

$$t_j^{FB} = \frac{\theta_j^2}{2} \tag{5-2}$$

而委托人的预期效用是 $EU_P^{FB} = [q\theta_H^2 + (1-q)\theta_L^2]/2$。

5.3 诚实的监理人：无合谋情况

当监理人客观地报告其信号时，雇用监理人有助于建设业主得到一个比 EU_p^{ns} 更高的效用。委托人面临一个 2×3 的信息结构，两种类型与三种信号。π_{jr} 为每种状况发生的概率，监管者诚实地报告其信息类别 $r=\sigma$，e_{jr} 为承建人的努力，而 t_{jr} 为承建人获得的补偿，当代理人报告为 $\theta_j \in \{\theta_l, \theta_h\}$ 而监理人的报告为 $r \in \{0, \theta_l, \theta_h\}$。同时，监管者获得报酬为 w_{jr}，得到监理人的支付矩阵，如表 5-2 所示。

表 5-2　　监理人支付矩阵

		r		
		0	L	H
j	L	(1-q)(1-p)	(1-q)pα	(1-q)p(1-α)
	H	q(1-p)	qp(1-α)	qpα

承建人的参与与激励约束条件为：

$$IR\ (jr):\ t_{jr} \geq e_{jr}^2/2$$

$$IC\ (Hr):\ t_{Hr} - e_{Hr}^2/2 \geq t_{lr} - e_{lr}^2\Delta\theta/2 \qquad j=L,\ H;\ r=0,\ L,\ H$$

而监理人的参与约束条件为：

$$w_{jr} \geq 0,\ j=L,\ H;\ r=0,\ L,\ H$$

π_{jr} 表示每一种状况发生的可能性，业主的目标为在以上约束条件下的 $\max \sum j \sum r\pi_{jr}(\theta_j e_{jr} - t_{jr} - w_{jr})$。对于 r=0，L，H，当 IR（Lr）与 IC（Hr）为紧约束时，IR（Hr）与 IC（Lr）为松约束条件。约束问题可以简

化为：

$$\max P = \sum_{r\in(0,L,H)} \pi_{Hr}[\theta_H e_{Hr} - \frac{e_{Hr}^2}{2} - R\frac{e_{Lr}^2}{2}] + \sum_{r\in(0,L,H)} \pi_{Lr}[\theta_L e_{Lr} - \frac{e_{Lr}^2}{2}] \quad (5-3)$$

当监理人是诚实的，建设业主的最优契约是承建人的最优努力水平带来的效用。

$$e_{Ho}^{Nc} = e_{HL}^{NC} = e_{NN}^{NC} = \theta_H \quad (5-4)$$

而效率较低的代理人的努力水平为：

$$e_{LO}^{Nc} = \frac{(1-q)\theta_L}{(1-q)+qR};e_{LL}^{NC} = \frac{(1-q)\alpha\theta_L}{(1-q)\alpha+q(1-\alpha)R};$$

$$e_{LH}^{NC} = \frac{(1-q)(1-\alpha)\theta_L}{(1-q)(1-\alpha)+q\alpha R} \quad (5-5)$$

另外，如果承建人效率较低，业主对其支付的信息租金为0，而对效率较高的代理人支付的信息租金为：

$$t_{Lr}^{NC} = \frac{(e_{Lr}^{NC})^2}{2}，t_{Hr}^{Nc} = \frac{\theta_H^2}{2} + R_{Hr}^{NC}，r\in（0，L，H） \quad (5-6)$$

此时，$R_{Hr}^{NC} = R(e_{Lr}^{NC})^2/2$，业主的效用为：

$$EU_P^{Nc} = q\frac{\theta_H^2}{2} + \frac{(1-q)^2}{2}\theta_L^2$$
$$\left\{\frac{1-p}{(1-q)+qR} + \frac{p\alpha^2}{(1-q)\alpha+q(1-\alpha)R} + \frac{p(1-\alpha)^2}{(1-q)(1-\alpha)+q\alpha R}\right\} \quad (5-7)$$

当委托人雇用诚实的监理人时，最优契约是 $w_{jr}^{nc}=0$，$\{e_{jr}^{nc}，t_{jr}^{nc}\}$，对于满足等式（5-7），j=L，H；r=0，L，H。

建设业主面临一个关于租金与效率的选择，即是向效率高的承建人支付较低的租金，还是扭曲努力，向效率低的承建人支付较低的租金。而方程（5-5）与方程（5-6）表示了这个均衡的解：建设业主从低效率的承建人得到的努力水平为 $e_{LL} > e_{L0} > e_{LH}$，而向高效率的承建人支付的租金是 $R_{HL} > R_{H0} > R_{HH}$。

当监理人观察到$\sigma=\theta_H$，通常一个具有更高生产效率的承建人不会报告其真实的HH类型，而只会报告LH。在这种新的信息结构下，委托人认为承建人类型为LH的概率将低于$1-q$，而类型为HH的概率将高于q。因此，业主就会对具有较高概率的HH类型支付更低的租金R_{hh}。当监理人观察到$\sigma=\theta_L$，业主发现减少LL类型（较高概率）的努力扭曲（增加e_{LL}），或者对类型HL（较低概率）支付更高的租金会使其获利。只要当信号具有足够价值时（如当观察到$p>0$，信号价值$\alpha>1/2$），监理人的信息对业主是有价值的。如果雇用监理人的成本为c，当$EU_P^{nc}-EU_P^{ns}>c$时，业主雇用监理人是有价值的。当业主的效用达到最优EU_P^{FB}时，监理人观察到承建人真实类型的概率增加（$p\alpha\to 1$）。

5.4

监理人合谋：软信息情况

软信息是否会减少监理人报告对业主的价值？下面我们讨论在软信息条件下，也就是在监理人不能够证实其信号的情况下，监理人信息对业主的价值以及业主在该信息结构下的效用水平。当合谋对联盟成员有利时，承建人和监理人会改变报告的信息，这与硬且可伪造信息的情况时相同；其次，监理人也有可能因存在获利空间而单方面地改变信息。在完美贝叶斯均衡条件下，业主能获得硬且可伪造信息的效用。

假设监理人向建设业主的报告为$\alpha\in(\theta_L,\theta_H)\times(0,\theta_L,\theta_H)$，承建人的努力为$e\in \arg\max\ t(m)-e^2/2$，其策略是$\xi_A(\theta,\sigma)=a(\theta,\sigma)$，$e(\theta,\sigma)$，监理人的策略是$\xi_M(\sigma)=r(\sigma)$，最优契约$\rho(m,x)=(e_m,t_m,w_m)$，$m=(\alpha,r)$有以下取值：

当$\alpha_\sigma\neq r$时，

$$\rho(m,x)=(0,0,0) \tag{5-8}$$

当$\alpha=(\theta_L,r)$且$r\in(0,\theta_L,\theta_H)$时，

$$\rho(m,x)=(e_{Lr}^{FI},t_{Lr}^{FI},0) \tag{5-9}$$

当 $\alpha = (\theta_H, r)$ 且 $r \in (0, \theta_L, \theta_H)$ 时，

$$\rho(m, x) = (e_{Hr}^{FI}, t_{Hr}^{FI}, k(t_{Hl}^{FI} - t_{Hr}^{FI})) \tag{5-10}$$

当监理人的信息是软信息时，如果监理人的信号具有噪音（$\alpha < 1$），委托人可以获得与硬且可伪造信息条件下相同的效用。当信号无噪音，委托人获得与硬且不可伪造条件下相同的效用。

如果建设业主事先没有考虑合谋因素，则承建人与监理人有可能事后达成信号造假的协议而获利，这使得监理人与承建人联盟有“伪造”对其自身有利信号的激励，尤其是在合谋联盟无法对其报告提供任何证据的软信息条件下。但当生产成本随着努力水平而变化，监理人的信息有噪音时，软信息产出将少于硬且不可伪造的情况。这是因为努力的扭曲（低效率承建人）会带来租金的扭曲（高效率的承建人）。在软信息条件下，联盟伪造信息而获取租金的可能性降低了监理人信息的价值。但是，当边支付的效率低时（$k < 1$），或者当监理人的信号噪音过大时（α 高于某个阈值），监理人的信号对业主也是有利的，此时业主可以比不雇用监理人获得更多的利润。

当监理人和承建人对其私有信息真实报告时，建设业主对承建人努力的承诺构成一个均衡战略 ξ，而该战略是满足合谋的防范条件，在这一状况下监理人和承建人都没有偏离的动机。如果其报告与监理人的信息不同（$a_\sigma \neq r$），合谋联盟得不到任何收益。承建人也没有改变关于其类型的报告积极性。

我们利用委托人—监理人—代理人模型，研究了软信息条件下监理人报告信息对建设业主效用的影响，并认为当存在努力扭曲与信息噪音时，业主在硬信息条件下的福利大于软信息的情形。但当在建设工程中，监理人合谋对象涉及承建人与建设业主代表。监理人与承建人合谋是建设工程合谋的一般形式，这种横向合谋同时存在于私人投资与公共投资的建设中。而公共投资的建设工程中，监理人与政府业主代表的合谋是监理人合谋的特殊形式，是监理人与国有业主代表（项目主管官员）的纵向合谋。这两类合谋都造成契约效率损失，前者的受害人是某个法人或自然人，后

者的受害对象是国有建设业主（全民）的利益。

5.5 合谋抑制

5.5.1 声誉机制与建设监理人行为

声誉假设（reputation hypothesis）从非正式制度层面做出了解释。声誉假设提出，声誉是一种有价值的资产，建设监理人不独立对监理人收费及品牌的影响远超过客户未来的准租。从保护自身利益的动机出发，建设监理有努力树立声誉并精心维护、保持独立性的内在动力。

从广义的委托监理关系看，作为弱势利益主体的实际出资者和最终受益人（全体纳税人）是委托人，代表的强势利益主体的政府业主代表是代理人，与监理人构成了委托监理关系的三个主要参与者。而从狭义的委托监理关系看，代表强势利益主体的政府业主代表是委托人，与承建商和监理人构成了委托监理关系的三个主要参与者。因此，政府业主代表在不同层次的委托监理关系中扮演着双重角色。而从契约关系看，狭义的委托监理关系体现为政府业主代表与建设监理的正式契约，广义的委托监理关系表现为在长期的市场交易与交易惯例中形成的初始业主（公众）和监理人之间形成的非正式契约安排。特别是在政府投资工程中，监理人的有效需求仅表现为特定利益主体（政府业主代表）的单方选择，而不能够代表全体利益主体的集体选择。因此，它不能体现为弱势利益主体（公众）的建设监理权，监理人在经济上受制于强势利益主体，因而在行为选择上就有利益倾向性。因此，正式契约忽略了弱势利益主体通过非正式契约安排对建设监理未来经济收益的制衡力，而正是这种正面积极的作用力改变了各方力量的对比，为监理人的独立性提供了一种救济。在市场成熟的条件下，监理人市场声誉具有良好的行业示范与社会认可效应，独立性带来的声誉能为监理人带来即时的经济回报，良好声誉带来的持续收益，也促使监理人不仅对他的独立性作出承诺的激励，而且还有保持实质上独立性的激励。通过市场的力量，声誉机制约束了建设监理的行为，提高了独立性，帮助弱势利益主体通过非正式契约安排来选择优质的监理人，提高建设工程安全质量。

政府之所以要对大型国有工程实施监理制度，是为维护公众的长期利益，赢取纳税人对政府基本建设投资的信任、并获得公众在要素投入上的支持。只有在监理活动中保持独立性，监理人才能承担依法监督职责，公正处理与协调不同利益主体的利益。丧失独立性意味着监理人有可能受到来自政府业主代表的强势干预，但监理人工作将得不到社会公众的信任与认可。而自有效市场的监理人甄别与筛选程序，将有助于监理人的自我显示与形象管理，从而提升建设监理人抵御外部干扰的能力。监理人因失去独立性而承担的责任不仅将受到法律与规则的惩罚，而且将面临来自于丧失市场声誉的惩罚（Shleifer and Vishny，1997）。监理人在声誉机制效应较强的条件下，具备保持独立性的动机，因为当声誉受损时，监理人将失去建设监理业务，当市场声誉良好时，监理人获益并且有强烈的愿望去维持公正性与独立性。这种非正式契约虽然没有法律强制力，但由于它是市场交易者重复博弈的结果，反而更有利于当事人抵挡机会主义的诱惑。

5.5.2　声誉机制与合谋瓦解：对“内部人”控制的制衡

对监理人独立性的影响而言，声誉与“内部人”控制是一对性质不同、方向相反的作用力。作为非正式契约，声誉是监理人自我履行机制，也是成熟市场条件下监理人获得预期收益溢价的重要保障。通常情况下，监理人的经济利益在正式委托契约中予以了明确规定，但正式契约的报酬本身就受到市场秩序的影响，在声誉不发挥作用的市场中，监理人行为是短视的，声誉缺乏将促使监理人实施各种机会主义行为而无所顾忌，也为业主或承建人的轻易左右监理人行为减轻了砝码，并最终损害了建设监理的独立性。通常情况下，公共主体利益与政府业主代表的利益是不完全一致的，监理人必须同时面对来自这两方面的压力，而与特定利益人（政府业主代表）保持相对独立性是监理人抵御来自特定利益人的压力的重要途径。而让保持相对独立性的力量来自于市场，来自健全的建设监理人市场制度、完善的监理人法律体制和成熟的监理人行业规则。因此，加强监理人市场制度建设，约束特定利益人行为，从而改变建设监理契约利益各方的力量，使得力量的均衡朝着有利于加强监理人独立性的方向发展，让市场声誉成为影响特定利益人选择建设监理人的重要因素，并通过正式制度安排使得这种有效的选择方式长期化与制度化。

“内部人”控制与监理人的独立性是相互影响的。一方面，在国有建设工程中，“内部人”的存在加剧了监理人的依赖性，对监理人独立性产生负面影响。另一方面，独立性卓越的监理人会因拥有良好的声誉而具备抵御“内部人”控制的能力。声誉对“内部人”控制的制衡是通过增强建设监理人的独立性来实现的。很多研究结果证实，声誉对独立性的支持是因为声誉具备为经济主体带来长期收益的溢价效应。雷诺兹（Reynolds，2007）和弗朗西斯（Francis，2000）的研究证实了监理人声誉的影响是抵消他们对委托人经济依赖性的重要力量。由于声誉效应的影响，当监理人屈服于“内部人”控制的同时也要面临“外部市场”的压力，监理人有保持自己独立性的偏好，而且当市场声誉机制强化时，这种偏好会进一步转化为监理人保持独立性的驱动力，进而会对“内部人”控制产生制衡作用。

从理论上讲，政府业主代表对国有建设工程的非法干涉无法摆脱监理人的监控，因为具备专业知识的监理人能够获知政府业主代表的干预信息、干预程度及可能的后果。但从建设监理法定程序上看，无论政府业主代表对杜撰虚假建设信息的动机有多强烈，最终还必须通过监理人的帮助（签字）才能完成。基于以上分析，笔者认为对监理人与政府业主代表问题的解决可以从以下几个方面着手：

（1）一般来说，国有建设工程投资巨大，同时建设工程中政府业主代表与监理人合谋腐败具有较高隐蔽性与较长发案时滞，巨大的利益诱惑使得政府业主代表特别有可能收买监理人进行欺骗活动，在监理人买方市场条件下，合谋的主动权和决定权在于政府业主代表。因此，我们需要加强对政府业主代表的监管，规范具有合谋动机的政府业主代表的腐败行为。

（2）推进国有建设工程信息公开和诚信体系建设。对监理人资质予以评级，建立健全监理人诚信档案。加强监理人市场准入、监理人甄别评级、信用分级，实现对国有建设工程监理人的淘汰机制。

（3）当"内部人"控制强化时，监理人独立性变弱，而当声誉机制发挥作用时，监理人独立性增强，监理人独立性取决于声誉机制与"内部人"控制的相对强弱。而声誉对"内部人"控制的制衡是通过增强建设监理的独立性来实现的，其实质是市场力量与政府管制力量对比的结果。在声誉机制缺乏作用的条件下，国有业主代表的"内部人"控制使得建设监理丧失必要的独立性而被纵向合谋的可能性大大增加。

我们应当积极培育建设监理声誉机制发挥作用的市场环境，建立包括建设监理声誉信息的收集机制，建设监理执业质量监督机制，建设监理声誉信息评价机制以及建设监理淘汰机制在内的声誉制度，为建设监理声誉机制的发挥提供制度保证，从而逐步增强建设监理的独立性，这不仅是抑制国有建设工程"内部人"控制，瓦解监理人合谋的有效途径，也是运用市场手段促进国有建设工程质量稳步提高的长效机制。

第6章

建设监理人行为影响因子的实证检验

第4和第5章分别研究了监理人的偷懒行为与合谋行为等机会主义行为，但偷懒与合谋仅仅只是监理人的行为表象，我们需要透过行为表象，探究行为表象背后的本质，究竟是哪些因素造成了监理人机会主义。本章主要分析影响建设监理人行为的因子，对各主要影响因子做实证研究。因为研究这些影响因子对于遏制监理人的各种机会主义行为，规范与优化监理人行为具有根本意义。

6.1 检验思路

我们首先对建设监理人行为的影响因子加以归类和概括，分析主要因子对监理人行为的影响效度。对建设监理人行为影响因子的实证检验思路如下。

首先，对国内外学者关于影响监理人行为的各种因子进行收集，通过文献追踪与比较，进行归纳与总结，将这些影响因子进行归类，并抽象出影响建设监理人行为的各种指标。在专家访谈和咨询的基础上，开发《建设监理人行为量表》。

其次，考察《建设监理人行为量表》的构念效度是否与所提出的理论框架相吻合，并根据实证研究的结果对理论框架进行修正。一个构念的理论意义在于它所存在的逻辑关系，这些关系中至少有一部分逻辑关系与可观察到的行为有关。根据这一思想，提炼影响监理人行为的主要因子，并与建设监理人行为构成一定的逻辑关系。

最后，通过结构方程模型检验影响因子与监理人行为之间逻辑关系的有效性。法则有效性方法是对量表的有效性进行检验的非常有用的工具。从控制学的角度来看，对影响因子的研究有助于我们对建设监理人行为的影响因子采取适宜的干预方式，并检验这种干预对控制建设监理人机会主义行为的有效性。

建设监理人的工作项目涉及面广阔，工作内容十分丰富，包括测量、试验、验收、计量、提示、通知、审批、报告、总结，旁站、巡视、抽检、调解、协商、见证工作，记录工作，质量评定和日记填写、台账建立以及主持会议等工作内容。但由于监理制度在我国实施的时间还不长，除了施工阶段的建设监理工作比较成熟外，其他方面的监理服务还处在试行和发展之中。因此，本书将监理人行为影响因子的实证研究重点放在施工监理方面。一般地，我们将施工监理行为归纳为质量控制行为、进度控制行为、投资控制行为、合同管理行为和协调行为，考虑到工程投资控制与进度控制存在着经济学意义上的正相关关系，我们合二为一，统称为进度控制。从控制学的角度，我们又可以将这些行为进一步抽象为控制、管理与协调三大行为类别。

6.2 影响因子的选择与假设的提出

为了有效地筛选建设监理人行为的影响因子，本书系统地整理了近 10 年来国内外相关的研究文献，完成了相关文献的检索、分类与归纳，对以往的研究有了较为全面、清楚的掌握。但以往研究较多关注建设监理人行为本身，对影响建设监理人行为的各种变量缺乏系统研究。在文献回顾的基础上，进一步从工程监理实践领域考察建设监理人行为的影响因素，专门进行了专家访谈。

专家访谈的对象主要包括：①通过电话访谈和电子邮件的方式，与来自不同资质的监理企业的30名从事监理工作的专业人员进行了访谈。访谈内容主要围绕建设监理人行为的构成、主要影响因素和可能产生的结果。②与20名监理企业的管理者进行访谈。在访谈时首先对建设监理工作的内涵进行详细的介绍，然后再邀请这些管理者探讨建设监理人行为的影响因素及其相互关系。根据对有关文献和访谈情况的整理分析，本书对控制建设监理行为的关键变量进行了筛选，即将建设监理行为的影响因子从监理人努力、能力、工程特性、独立性、监理环境等方面进行了归纳，如表6－1所示。同时，本书对监理人在资质管理、承接业务、监理收费、质量管理、现场管理等方面的具体的失范行为归入相应的各个监理人行为影响因子之中，如表6－2所示。

表6－1　　建设监理人行为影响因子

因子A	因子B	因子C	因子D	因子E
努力	能力	工程特性	独立性	监理环境

表6－2　　建设监理行为失范类型

行为类别	序号	失范行为具体内容	不良行为缺失因子
资质	1	超越本单位资质等级和范围承接监理业务的	B
	2	资质许可后条件不达标的	B
	3	允许其他单位或个人以本单位的名义承接监理业务的	B
	4	涂改、伪造、出借、转让资质证书的	B
承接业务	5	与建设单位或监理企业之间相互串通投标，或以行贿等不正当手段谋取中标的	A
	6	以他人名义承接监理业务或以其他方式弄虚作假骗取中标的	B
	7	转让工程监理业务的	B
	8	未按规定签订监理合同进行项目监理工作的，或分公司和分支机构签订监理合同的	C

续表

行为类别	序号	失范行为具体内容	不良行为缺失因子
承接业务	9	监理合同签订后，10 日内合同未到项目所在地建设行政主管部门登记的	C
	10	未按规定办理项目核验手续或人员登记的	C
监理取费	11	签订阴阳合同的	C
	12	实际监理取费低于规定收费标准，但未低于规定收费标准 80% 的	E
	13	实际监理取费低于规定收费标准 80%（含 80%）超过 60% 的	E
	14	实际监理取费低于规定收费标准 60%（含 60%）以下的	E
工程质量安全	15	与建设单位串通，弄虚作假，降低工程质量的	D
	16	未依法履行监理职责，将不合格的建设工程、建筑材料、建筑构配件和设备按照合格签字的	D
	17	与被监理工程的施工企业以及建筑材料、建筑构配件和设备供应单位有隶属关系或其他利害关系承担该项建设工程监理业务的	C
	18	对施工企业违反工程建设强制性标准条文行为，现场项目监理机构不及时按规定向有关单位提出书面制止和纠正要求的	A
	19	与施工企业串通，弄虚作假，降低工程质量的	E
	20	发生四级工程建设质量安全事故监理有责任的	A/B
	21	监理企业未建立安全监理责任制、安全生产管理制度、安全生产教育培训制度的	A/B
	22	未对施工组织设计中的安全技术措施或者专项施工方案进行审查的	A
	23	发现安全事故隐患未及时要求施工企业整改或者暂时停止施工的	A
	24	施工企业拒不整改或者不停止施工，未及时向有关主管部门书面报告的	A

续表

行为类别	序号	失范行为具体内容	不良行为缺失因子
现场人员管理	25	工程中标、监理合同签订后，随意更改项目监理机构组成人员的	C
	26	现场项目监理机构中的总监理工程师未取得从业资格即上岗的	B
	27	现场项目监理机构的总监理工程师已取得相应从业资格但未注册即上岗的	B
	28	监理企业未按照监理规划严格执行监理人员进退场计划的	B
	29	从业人员超越已取得的从业资格从事监理工作的	B
	30	现场项目监理机构人员配备的专业、数量明显不能满足监理工作需要的	B/C
	31	具备担任项目总监资格的人员，同时担任3个（不含3个）以上项目总监的	B
	32	省内企业和驻苏企业跨设区市承接监理业务有未通过登记或项目核验未通过的监理人员从业的	B
	33	未通过登记或项目核验未通过的监理人员从业的	B
	34	总监理工程师同时在跨设区市的项目上任职的	B
	35	未办理监理人员上岗牌的	B
	36	使用非本单位人员的	E
现场工作	37	监理企业对项目监理机构3个月未组织检查、考核的	A
	38	未编制《监理规划》即开展现场监理工作的	A
	39	监理人在项目监理工作中完全未执行《监理实施细则》的	A
	40	对施工企业上道工序未报经监理验收即进入下道工序施工的行为，现场项目监理机构不及时以书面形式予以制止和纠正的	A
	41	对施工企业在主要建筑材料、建筑构配件和设备未报经监理核验即用于工程或应复试而未复试即用于工程的行为，现场项目监理机构不及时以书面形式予以制止和纠正的；或监理签批报验单程序不符合规定的；或检验批未按标准和规定验收的	A

续表

行为类别	序号	失范行为具体内容	不良行为缺失因子
现场工作	42	现场项目监理机构对按规定应进行旁站、平行检验或见证取样而未进行的	A
	43	监理企业在本企业所监理的项目上经营施工、建筑材料（构配件）和设备供应业务的	E
	44	现场项目监理机构不按规定使用现行《建设工程施工阶段监理现场用表》开展现场监理工作的	A
	45	建设单位在未依法办妥施工许可证的情况下强行要求开工，监理不仅不予制止（以书面材料为准）、并且签批开工申请的	C
	46	项目监理机构未督促建设单位召开第一次工地会议的，或者项目监理机构未按确定的工地例会周期召开工地例会，例会无纪要或纪要严重不全的	A
	47	对施工企业按标准、规范、设计文件规定应进行检测、工程安全和功能性试验而未进行的行为，监理不及时以书面形式予以制止和纠正的	A
	48	对施工企业的材料、构配件、设备报验品种不全、批次不足，实物与报验不符的行为，现场项目监理机构不予以制止和纠正的	A
	49	与施工企业串通，为施工企业谋取非法利益，给建设单位造成损失的	A

资料来源：根据詹柄根等《工程建设监理》归纳整理。

影响人的行为因素包括个人品质与环境品质。个人品质包括个性、能力、道德等；环境品质包括组织的内部环境因素与外部环境因素。组织的内部环境因素包括工作环境、性质、报酬、竞争法则等，组织的外部环境因素包括市场状况、经济状况以及竞争势态等。鲍曼（Borman）认为影响人的行为因素主要有四种，即员工的技能、激励、环境与机会，其中前一项属于员工自身的主观性影响因素，后三项则是客观性影响因素。可用公式表示如下：$P=F(SOME)$ 公式中P为行为表现，S是技能，O是机会，

M是激励，E是环境。此式说明，行为是技能、激励、机会与环境四变数的函数。结合监理人工作的实际特性，将建设监理人行为影响因子概括为5个维度，即监理人努力偏好，能力/关系偏好，监理工程特性，独立性与监理环境等。下面分别对这5个前因变量进行详细介绍。

（1）监理人努力偏好：从心理学的角度看，个体的努力与否决定于个人的心理偏好。心理偏好就是指个人的心理取向，是个体对于行为与结果之间存在何种关系的一种信念（Rotter，1978）。心理偏好可以分为内控性心理偏好和外控性心理偏好两种。其中，内控性心理偏好认为，任何任务的结果都可以通过自己努力来实现，行为主体对自己感兴趣或自认为重要事情的态度比较积极主动，且具有较强的主观能动性。外控性心理偏好迷信外因，崇尚命运，认为成功与否受到运气等外在因素而非个人努力的影响，对待工作比较消极、有依赖感，没有能动性。Noe（1988）研究显示内控倾向的人比外控倾向的人更相信凭借他们自己的努力可以改善自己行为效果，并且更喜欢主动参与行为的规划和实施。在此基础上，我们提出了以下假设。

假设1：在其他条件不变的情况下，具备努力偏好的内控型监理人比不具备努力偏好的外控型监理人具有更好的监理控制行为。

（2）能力偏好/关系偏好：能力是建设监理人在组织监理过程中配置和优化资源以达到目标的才能，是监理人在工程项目建设中，实施质量控制、管理控制所展示的组织能力、学习能力、适应能力与创新能力。这些能力在建设监理实践中得到展示，它直接影响建设监理人的行为（Deck，1986）。关系偏好型监理人在完成监理任务的同时，追求与业主形成融洽的关系。关系偏好型是建设监理人以业主意愿为中心，履行受托义务时以满足业主需求为宗旨，期望从业主处得到积极的评价并获取相应报酬的行为偏好（Fish and Ford，1995）。乔（Joe，2005）认为，相比于关系偏好，具有能力偏好的行为更易获得较高的行为质量。在此基础上，提出以下假设。

假设2：监理人能力偏好与关系偏好对建设监理人行为影响具有不同的侧重点，前者侧重于建设监理的各种控制行为，后者倾向于受托管理与关系协调的实现。

（3）监理工程特性：监理工程特性主要是指监理人受雇于业主投资的工程性质，包括工程所有制性质（国有，私有）、工程投资量、工程的社会影响力与关注度等，这里主要指工程所有制性质。本章将选择国有与私人投资工程作为监理工程特性研究的主要指标，考察不同所有制性质对监理人行为的影响。因此，本书提出以下假设。

假设 3：监理工程特性的差异对建设监理控制行为影响显著。在不同性质的建设工程中，国有业主与私人业主对建设监理人质量控制与进度控制行为影响存在显著差异。

（4）监理人独立性：在不同性质的建设工程中，监理人面临不同的工作环境，拥有不同的自主性与自裁力，这些将影响到建设监理主观能动性的发挥和工作的积极性。监理工程特性涉及业主对监理人以及对监理工作的态度，并影响到监理人工作的独立性。独立性是指个体在组织中的相对地位，独立性对于个人行为决策与行为绩效有着重要的影响，被经常应用于服务性中介的工作环境的研究领域中。建设监理人的独立性是公正性的基础和前提。监理人如果没有独立性，就失去了强制监理的意义。只有真正成为独立的第三方，才能起到协调与约束的作用，从而提高建设监理人的行为质量。在国有建筑工程中，常常存在以政府业主代表为主导的“内部人”控制，建设监理人因缺乏必要的独立性而被迫就范，与政府业主结成纵向合谋体的可能性大大增加，建设监理人自主行为将大打折扣。因与政府业主代表存在纵向合谋而使得建设监理人职责存在事实上的虚置，客观上造成了国有工程的质量与安全危机频现，因此，业主的干预制约了监理人控制与管理行为，并进一步导致监理人消极怠工，成为被动的“偷懒”。基于以上分析，我们提出如下假设。

假设 4：独立性丧失对监理行为产生重大影响，可能导致监理人被动偷懒。

假设 4.1　建设业主非法干预制约了监理人的控制行为。

假设 4.2　建设业主非法干预削弱了监理人参与合同管理和组织协调的积极性。

（5）监理环境：环境支持对于个体行为质量有着重要影响。按照环境涉及的范畴来分，监理环境可以分为宏观监理环境与微观监理环境。宏观监理环境主要是指监理人工作所面临的监理政策、监理法规与监理行业环境。微观监理环境来自建设监理人工作所涉及的对象，体现为监理人与业主、承建人等外部组织所形成的工作环境。微观监理环境又可以分为监理人受托环境支持（由业主与监理人工作关系构成）与监管环境支持（由监理人与承建人工作关系构成）。麦克米林（1995）认为，环境可以从物质技术、法规制度、舆论监督等方面对个体产生一定的影响。由此可见，监理环境对监理人行为的影响也可以归结为物质支持和精神支持两个维度组成。

物质支持包括信息支持［information support，是指外部组织（业主或施工方）对监理人提供各种资料的讯息支持］、资金支持［financial support，指外部组织（业主或施工方）对监理人给予必要的报酬、奖励以及对建设监理专业配套设施的支持］，这样有助于监理人履行工作任务。

精神支持包括与建设监理亲密支持［intimate support，指外部组织（业主或施工方）对监理人的理解与关心］，尊重支持（esteem support，指业主与施工方对建设监理的尊重，有助于满足建设监理社会荣誉和心理满足的需要）（Hutchinson，1986）。来自包括业主、施工方在内的各种组织向建设监理人提供的精神支持，将有助于增强建设监理人工作的积极性，提高建设监理人对业主的忠诚度。基于此，形成了假设 5。

假设 5：监理环境对建设监理人控制行为和管理行为有着不同的影响。

假设 5. 1　物质支持对建设监理人质量控制与进度控制具有正向影响。

假设 5. 2　精神支持对建设监理人组织协调与合同管理行为具有显著的正向影响。

6. 3

假设检验

我们在上一节提出建设监理人主要具有四种行为类别，并提炼出了监理人行为影响因子及其 5 个假设。本节主要目的是考察个人品质与环境品质对建设监理人行为的影响，对上节中提出的假设进行检验。

问卷对建设监理人行为的行为影响因子进行了调查，并据此按照影响性质对监理人行为影响因子归类，即监理人努力偏好、能力/关系偏好、监理工程特性、独立性、监理环境等。根据各量表测量方式的不同，采用不同的数据方法分析有效问卷的反馈数据。利用描述性统计方法，将样本划分为内控型心理偏好和外控型心理偏好，运用相关分析和方差分析对假设 1 进行检验；同时，利用描述性统计方法，将样本划分为能力与关系偏好，利用验证性因素和信度分析检验对假设 2 进行检验；对于监理工程特性差异，采用方差分析的方法考察是否存在在不同性质的工程中，国有业主与私人业主对监理进度控制行为具有不同影响，进而检验假设 3；对于监理环境，利用结构方程模型考察其对建设监理人行为的影响，进而验证假设 5；对于假设 4，同样也采用方差分析的方法予以检验。所有的检验过程采用 SPSSl1. 6 和 LISREL8. 55 统计软件完成。

6. 3. 1 指标编制与有效样本的描述性统计

1. 指标编制

(1) 努力偏好。

采用测量努力偏好最常用的，由罗特（Rotter，1966）所开发的心理控制源量表。该量表共有 10 题，以往研究所得的内部一致性为 0. 68（Rotter，1966）。量表采用李科特 5 点计分的方式，每题从 1 分（非常不同意）到 5 分（非常同意）。加总后得分越高，表示努力偏好越高，即个体越能积极主动地应付工作中的各种问题并自发地解决，得分越低，则表示努力偏好越低，即个体认为事件结局主要由外部因素所影响，故而放弃自身努力，消极行为。

(2) 能力偏好。

采用巴顿等（Button et al.，1996）编制的能力偏好量表。该量表共有 8 个题项，包括能力现状 5 题，能力标准 3 题。量表采用李科特 5 点计分的方式，每题从 1 分（非常不同意）到 5 分（非常同意）。

（3）工程特性与监理环境。

首先，根据6.2节的假设，本书研究主要考虑监理人所从事工作的宏观环境，即建设工程本身属性。我们按照建设工程产权的性质，将建设工程分为国有产权型的政府投资工程和非国有型私人投资工程。另外，还可以根据工程投资量的大小，分为特大、大中和小型建设工程。我们对不同工程性质下的监理人信用环境、监理报酬与合同履行等维度来考察。量表采用李科特5点计分的方式，每题从1分（非常不同意）到5分（非常同意）。其中，监理人信用环境有5项，监理人报酬有6项，监理契约与监理人成长环境有7项。该量表共有题项18项，量表采用李科特5点计分的方式，每题从1分（非常不同意）到5分（非常同意）。

（4）独立性。

根据以上假设，本书研究认为独立性是影响建设监理人的重要因素，该量表共有8个题项，其中，本问卷独立性问题来源与表现3题，独立性对监理人管控行为的影响3题，独立性提升渠道2题。量表采用李科特5点计分的方式，每题从1分（非常不同意）到5分（非常同意）。

2. 有效样本的描述性统计

本书研究选择了南京市3家具有资质的综合性建设咨询公司作为调查对象，发放问卷350份，回收263份，删除缺失信息过多和大部分题项选择同一评价值的问卷23份，得到有效问卷240份，有效回收率为68.6%。问卷填答者大多为建筑企业中层和一般管理者，具体信息如表6－3所示。

表6－3　预试调查样本的基本信息

<table>
<tr><th>统计变量</th><th>类 别</th><th>人数（人）</th><th>百分比（%）</th><th>统计变量</th><th>类 别</th><th>人数（人）</th><th>百分比（%）</th></tr>
<tr><td rowspan="5">性别</td><td>男</td><td>180</td><td>75</td><td rowspan="5">教育程度</td><td>研究生</td><td>35</td><td>14</td></tr>
<tr><td>女</td><td>57</td><td>23</td><td>本科</td><td>80</td><td>33</td></tr>
<tr><td>缺失</td><td>3</td><td>2</td><td>大专</td><td>110</td><td>45</td></tr>
<tr><td></td><td></td><td></td><td>高中</td><td>11</td><td>4</td></tr>
<tr><td></td><td></td><td></td><td>缺失</td><td>4</td><td>3</td></tr>
</table>

续表

统计变量	类 别	人数（人）	百分比（%）	统计变量	类 别	人数（人）	百分比（%）
年龄	0～30 岁	52	21	级别	高层管理	24	10
	31～40 岁	102	39		中层管理	80	33
	41～50 岁	80	36		一般管理	130	54
	缺失	6	4		缺失	6	2

采用 SPSS 11.5 统计软件对数据进行描述性统计、信度检验和效度检验。因为预试的样本数量较少，不适合进行因素分析。因此，本书研究选择国外研究中较常使用的“Item-to-total 项目与总体相关系数”的方法来考察量表的构念效度。检验结果如表 6－4 所示，依据“Item-to-total 项目与总体相关系数”应该满足大于 0.35 的标准（Nally，1978），26 个题项通过了此项检验，表明这些题项较好地反映了各自因子的内容。12 与 13 题项目与总体相关系数为 0.30，但是考虑到该题项的理论意义，对其进行合并，用相互比较的表述更能说明问题的实质，将其修改为“私人投资项目的业主相对于政府投资项目的业主更愿意与建设监理沟通”。

表 6－4　　量表的 Item-to-total 项目与总体相关系数检验

因子	题项	项目与总体相关	因子	题项	项目与总体相关
努力	1 2 3 4	0.55 0.45 0.44 0.46	能力	5 6 7 8 9	0.44 0.45 0.51 0.55 0.30
独立性	10 11 12 13	0.35 0.38 0.41 0.42	监理环境	14 15 16 17	0.44 0.55 0.61 0.63
监理工程特性	18 19 20 25	0.52 0.43 0.46		21 22 24	

我们采用 ALpha 系数检验量表的内部一致性原则，预试量表分层面的信度系数在0.50～0.60之间可以接受使用，在0.70以上最好。表6－5的结果表明了五个维度的均值、标准差、相关系数和内部一致性。其中，努力因子的内部一致性系数较低，为0.53。虽然符合了0.50的标准，但是有必要对职业发展维度中的题项进一步修正。因此，根据此维度需要反映的理论涵义，对其中个别题项的涵义进行了调整，使题项与题项之间的联系能够更加紧密。通过上述两个步骤，对一些题项表述进行了修正，使得此初始量表能够较好地反映出建设监理行为五个维度的涵义。但是由于样本量较少的原因，没有通过因素分析的方法检验量表的构念效度。因此，还需要在大样本的正式测试中对量表的构念效度进一步检验。

表6－5　　各因子的均值，标准差，相关系数和内部一致性系数

	M	SD	1	2	3	4	5
1 能力	3.43	0.61	(0.64)				
2 努力	3.45	0.71	0.68**	(0.66)			
3 工程特性	3.32	0.76	0.48**	0.32**	(0.70)		
4 监理环境	3.34	0.66	0.69	0.48**	0.52**	(0.56)	
5 独立性	3.71	0.81	0.52	0.52**	0.23**	0.36**	(0.72)

注：① ** $P<0.01$

②括号里的数字为各维度的 Cronbach's α 系数，即信度系数，代表其内部一致性。

6.3.2　因子检验结果

1. 努力偏好对建设监理人行为的影响

通过对努力偏好的单维度测量，题项总分越高表示努力偏好越强，得分越低表明努力偏好越低。240份样本的平均分为34.1分，最高分为45分，最低分为22分。对努力偏好量表进行信度检验，Cronbach's α 系数为0.73，表明此量表具有较好的内部一致性。对努力偏好与建设监理行为进行相关分析，相关系数如表6－6所示。

表 6－6　　努力偏好与建设监理行为的相关系数

监理行为	质量控制	进度控制	合同管理	组织协调
努力偏好	0.32**	0.26**	0.12**	0.18**

注：** $p < 0.01$。

根据相关分析结果，努力偏好与建设监理人行为呈正相关关系。努力偏好与质量控制和合同管理的正相关关系最强，其次是进度控制，而与组织协调没有明显的相关关系。努力偏好得分越高意味着监理人内控性越强，这表明，相对于外控型心理偏好而言，具有内控心理倾向的监理人更加注重对工程质量与进度的控制。为了进一步分析监理人的努力偏好，根据被试的内/外控分数将他们分为两组，得分高于平均数的是内控组（101 人），低于平均数的是外控组（139 人）。

根据这种分组方法，比较具有不同控制倾向的建设监理人行为是否具有显著的差异。采用独立样本 T 检验，结果如表 6－7 所示。

表 6－7　　努力偏好的差异检验

建设监理行为	内控型　M ± SD	外控型　M ± SD	T
质量控制	3.90 ± 0.51	3.51 ± 0.55	3.00**
进度控制	3.43 ± 0.63	3.44 ± 0.64	1.04*
合同管理	3.88 ± 0.53	3.56 ± 0.55	2.21*
组织协调	3.81 ± 0.50	3.74 ± 0.76	0.73**

注：** $p < 0.01$，* $p < 0.05$。

方差分析的结果表明，内控型建设监理在质量控制和进度控制两个方面的监理行为要表明显优于外控型。而在合同管理与组织协调两个方面，内控型和外控型的监理人行为没有明显差异。假设 1 得到证实。

2. 能力/关系偏好对建设监理人行为的影响

对于行为偏好是否可以划分能力和关系偏好两种，我们运用验证性因素分析方法对行为偏好量表进行检验。对此我们分别提出虚无模型、单维模型和二维模型等三个假设模型。在二维模型中，假设监理人行为偏好可以划分为监理人能力偏好和监理人关系偏好。表6－8为行为偏好模型拟合结果。

表6－8　　　　三种行为偏好拟合指标（N＝240）

模型	χ^2/df	GFI	AGFI	NNFI	CFI	RMSEA	SRMR
虚无模型	11.83	0.34	0.33	0.33	0.34	0.42	0.49
一维模型	5.34	0.66	0.58	0.34	0.62	0.27	0.27
二维模型	2.56	0.91	0.90	0.91	0.91	0.06	0.08

验证性因素分析表明，二维模型的各项数据达到了拟合指标标准，明显优于其他两类模型，这表明了能力/关系偏好的二维模型具有较好的构念效度。表6－9反映了监理人能力与关系偏好的检验结果。其中，描述性统计、相关分析和信度检验表明能力/关系偏好量表具有较好的内部一致性，同时，能力偏好与关系偏好没有明显的相关性。

表6－9　各变量的均值、标准差、相关系数和内部一致性系数（N＝240）

	M	SD	1	2
能力偏好	3.89	0.64	(0.63)	
关系偏好	3.22	0.53	0.08	(0.78)

注：括号里的数字为各维度的Cronbach's α系数，即信度系数，代表其内部一致性。

为了检验监理人能力/关系偏好与建设监理行为之间的关系，首先对这些变量进行相关性分析，分析结果如表6－10所示。

表6－10　　　　能力/关系偏好与建设监理人行为的相关系数

监理行为	质量控制	进度控制	合同管理	组织协调
能力偏好	0.42**	0.03	0.13	－0.12
关系偏好	0.26**	0.10	0.33**	0.28**

注：** $p < 0.01$。

相关分析的结果表明，能力偏好与关系偏好都与总体的建设监理行为存在正相关关系，但前者仅与质量控制具有显著的正相关关系，而后者与进度控制、合同管理与组织控制均有明显的相关性。

按照得分情况，将 240 份样本划分为两类：能力偏好或关系偏好。按照偏好得分来划分。当建设监理人能力偏好得分小于关系偏好得分时，将该建设监理人归为关系偏好型；当建设监理人关系偏好得分小于能力偏好得分时，将该建设监理人归为能力偏好型。由此得到能力偏好组 86 人，关系偏好组 134 人，在研究样本中，多数个体属于关系偏好型。运用独立样本 T 检验方法比较具有不同行为偏好的监理人在各类监理行为中所存在的差异。独立样本 T 检验的结果如表 6－11 所示。

表 6－11　　　　能力偏好的差异检验

建设监理行为	能力偏好型	关系偏好型	T
	M ± SD	M ± SD	
1 质量控制	3.78 ± 0.34	3.3 ± 20.34	2.14*
2 进度控制	3.43 ± 0.34	3.01 ± 0.12	3.92**
3 合同管理	3.66 ± .23	3.32 ± 0.23	2.23*
4 组织协调	3.81 ± 0.12	3.45 ± 0.65	2.29*

注：** $p<0.01$，* <0.05。

由方差分析可知，能力偏好型的建设监理人在质量控制和进度控制两个方面的努力偏好高于关系偏好型的建设监理人，说明能力偏好型的建设监理人希望通过运用和拓展监理能力来履行监理行为的职责，而关系偏好型建设监理人认为与承建人和业主的关系处理对监理行为意义重大，并认为以关系偏好出发可以获得更好的监理效果。假设 2 得到证实。

3. 工程特性对建设监理人行为的影响

考察工程特性的差异对建设监理人行为是否具有显著影响。分别采用独立样本 T 检验和 One-way ANOVA 的方法检验国有与私人投资工程对监理人各类行为的影响。检验结果如表 6－12 所示。

表6－12　　国有/私有投资工程监理人行为的差异检验

建设监理行为	国有建设工程	私有建设工程	T
	M ± SD	M ± SD	
1 质量控制	3.72 ± 0.54	3.32 ± 0.54	0.98*
2 进度控制	3.46 ± 0.61	3.81 ± 0.62	0.73**
3 合同管理	3.58 ± 0.56	3.54 ± 0.54	−2.19
4 组织协调	3.72 ± 0.60	3.44 ± 0.74	0.85

注：** $p<0.01$，* <0.05。

在所有制性质不同的工程中，建设监理行为类别的表现是不一样的。受雇于国有建设工程业主代表的建设监理人在进度控制方面监理行为要弱于私人建设工程；而合同管理与组织协调上，两者的差距并不明显。不考虑其他因素的影响，在国有建设工程中，进度控制可能受到国有业主代表出于政绩或献礼工程的考虑而赶超工期，并因此而间接左右建设的工程质量。但工程性质对建设监理人的合同管理与组织协调并没有产生明显差异性的影响。假设3得到部分证实。

差异检验表明，建设监理的独立性受到来自国有建设工程业主的侵蚀高于私人工程，业主代表插手建设监理的进度控制，质量控制与合同管理行为，在国有建设工程中较为明显（见表6－13）。而私人建设工程中，私人业主倾向对建设监理放权让利，具备更多的协助意识，能够更加理解和支持监理行为。由于参加本次调查的高层管理者（15人）和非管理人员（13人）的数量较少。因此，本书研究主要针对中层管理者和一般管理者对监理人独立性的调查与比较。总体来讲，在国有建设工程中，国有业主代表在干预建设监理控制行为的同时，削弱了监理人参与合同管理和组织协调的积极性，并有可能导致监理人消极怠工，成为被动的“偷懒”行为。至此，假设4得到证实。

表 6 – 13　　国有/私有投资工程中建设监理行为独立性的差异检验

建设监理行为	工程性质（S，P）		Mean difference	Sfd，Error	Sig.
1 质量控制	国有	私人	0. 22*	0. 08	0. 04
2 进度控制	国有	私人	0. 28*	0. 08	0. 04
3 合同管理	国有	私人	0. 26*	0. 08	0. 04
4 组织协调	国有	私人	0. 48**	0. 12	0. 00

注：** $p<0.01$，* $p<0.05$。

4. 监理环境对建设监理人行为的影响

（1）环境因子的效度与信度检验。

由于众多学者在以往研究中多次使用环境因子量表，并在实证研究中均获得了较好的效度和信度。因此，我们仅运用验证性因素分析检验行为偏好量表的构念效度，对三个假设模型进行比较。在虚无模型中，假设行为偏好量表的所有题项都是一个单独的维度，题项之间没有相关性。在单维模型中，假设一个单维的模型。在第三个模型中，即假设环境因子可以划分为两个纬度：物质支持和精神支持。验证性因素分析的结果见表 6 – 14。根据麦克米林（1997）的环境支持整合模型研究，我们假设环境因子是具有二级维度的。

表 6 – 14　　三种环境因子的拟合指标比较（N = 240）

模型	χ^2/df	GFI	AGFI	NNFI	CFI	RMSEA	SRMR
虚无模型	14. 34	0. 35	0. 30	0. 34	0. 37	0. 43	0. 42
一维模型	8. 11	0. 79	0. 65	0. 77	0. 12	0. 15	0. 13
二维模型	2. 87	0. 92	0. 88	0. 91	0. 95	0. 07	0. 06

三种环境因子的拟合指标表明二维模型各项指标均达到了所要求的标准，而且明显优于虚无模型和一维模型，这表明二维模型中精神支持具有较好的构念效度。因此，本书研究采用二阶因素分析的方式对其进一步检验，检验结果如表 6 – 14 和表 6 – 15 所示。

表 6 – 15　　环境因子的均值和信度系数

维	度	均值	Cronbach's α 系数
物质支持	薪酬	3.20	0.73
	技术	3.02	0.71
	设备	3.34	0.81
精神支持	认同	3.04	0.62
	信赖	3.76	0.71
	尊重	3.65	0.72

如图 6 – 1 所示，精神支持因素的二阶因素分析模型中，二阶因素是精神支持，一阶因素构面为认同、信赖与尊重。最左侧的方框内表示精神支持构面的 10 个可观测变量（即题项）。二阶因素分析的各项拟合指标为表明模型拟合程度较好。表 6 – 15 反映了物质支持与精神支持因子影响的均值和信度。检验结果表明，精神支持与物质支持的各个维度之间具有较好的内部一致性。认同维度只有两个题项，是导致其内部一致性较低的原因之一。

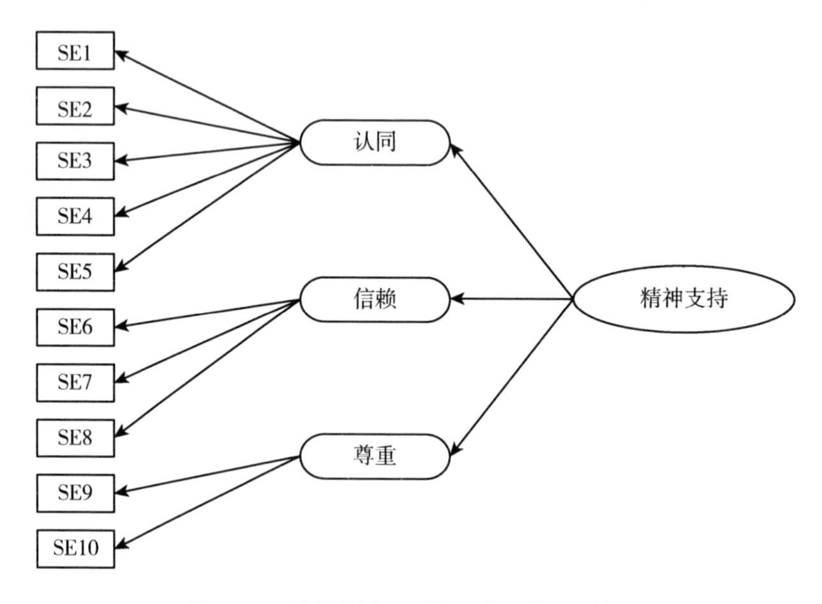

图 6 – 1　精神支持因子的二阶因素分析模型

（2）环境因子与建设监理行为相关分析。

表 6 – 15 是物质支持、精神支持与建设监理人行为的相关系数矩阵表。建设监理人行为与物质支持的三因子之间分别存在着一定的相关关系，监理技术与监理设备对建设监理人的质量控制和进度控制两类监理行为的关系较为密切；精神支持的三个因子分别与建设监理人的四种行为之间存在着一定的相关关系，总而言之，精神支持与合同管理和组织协调之间的关系较为密切。

（3）建设监理人行为结构方程模型与环境因子。

为了保证结构方程模型的内在稳定性，本问卷所收集的样本 N = 240 > 100，基本符合结构方程检验所需要的样本数量要求。同时，对各测量指标进行简化，将尽可能测量题项符合结构方程模型分析要求，以增强参数估计的稳定性，将建设监理人行为维度合并为 2 个题项。基于假设 5.1 和 5.2 和表 6 – 15 的相关分析，建立相关假设模型（见表 6 – 16），并得到环境支持与建设监理人行为的关系的结构关系，如图 6 – 2 所示。

表 6 – 16　环境支持与建设监理人行为关系的假设模型

	1	2	3	4	5	6	7	8	9
1 薪酬	0.22*								
2 技术	0.33**	0.62**							
3 设备	0.23*	0.60**							
4 社会认同	0.12*	0.31**	0.23**	0.51**					
5 社会信任	0.13	0.43**	0.50**	0.72**					
6 社会尊重	0.23*	0.41**	0.36*	0.22	0.31**				
7 质量控制	0.21*	0.31**	0.18	0.43	0.23**	0.30**			
8 进度控制	0.10	0.25*	0.18	0.33**	0.42**	0.43**			
9 合同管理	0.27*	0.26*	0.24	0.20	0.14	0.24**	0.62**		
10 组织协调	–0.03	0.16	0.23*	0.21*	0.22*	0.26**	0.25*	0.22**	0.42**

注：** $p < 0.01$，* $p < 0.05$。

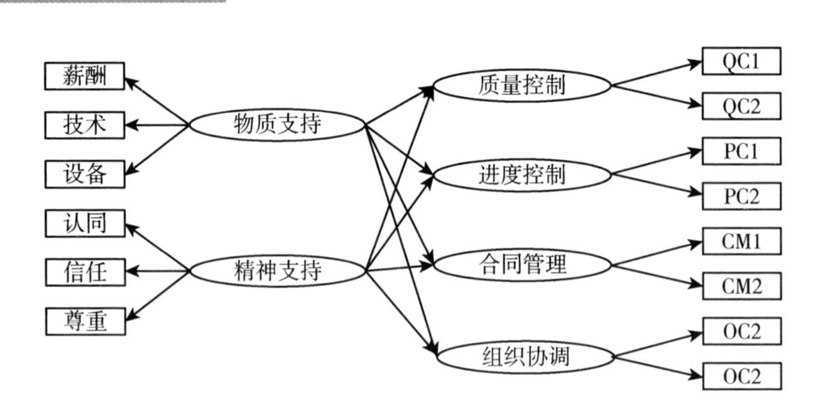

图6-2 环境支持与建设监理人行为关系的结构关系

注：QC1代表质量控制的第一个观测变量，QC2代表质量控制的第二个观测变量，依次类推。

利用结构方程模型修正指数对以上模型进行调整，保留关系显著的路径，对关系不显著的路径予以删除，同时，补充新的关系路径，得到被数据支持的修正模型，如图6-3所示。其中，各项拟合指标分别为：$\chi^2/df=3.02$，GFI=0.91，AGFI=0.81，NNFI=0.88，CFI=0.91，RMSEA=0.03，SRMR=0.06，拟合结果比较好。

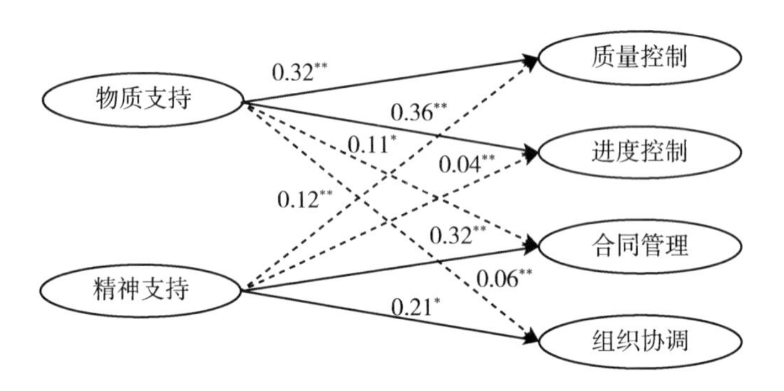

图6-3 实证检验的环境支持与建设监理人行为关系模型

注：** $p<0.01$，* $p<0.05$，虚线表示此路径系数未达到显著水平。

结构方程模型的检验结果表明，物质支持对建设监理人质量控制和进度控制行为具有显著的正向影响，即在物质条件提供较多支持的环境中，有利于建设监理人的质量控制与进度控制行为的开展；精神支持与建设监理人行为中的合同管理与组织协调行为具有显著的正向影响，在具备良好精神支持的监理环境中，建设监理能够更好地实施合同管理与组织协调行为。假设5.1和假设5.2得到证实。

6.4 建设监理人机会主义行为的控制流程

本章前面几节已从微观的角度分析了建设监理人机会主义的影响因子，本节拟从控制理论的角度分析监理人机会主义行为的控制。按照控制论的一般原理，我们将监理人机会主义行为控制流程可以划分为投入、转换、制衡、支持、纠正等五个环节。

在国有建设工程中，国有业主虚位，国有业主代表存在“不作为”或“强势”的两种极端状况，这两种极端行为是对理想行为的偏离，分别体现在监理人努力程度的偏离（行为弱化）与努力方向的偏离（行为异化）。在第一种情况下，作为“经济人”的监理人存在偏离理想行为状况的动机，该动机在监理人偷懒被发现或惩处概率小的情况下转变成实际行为。我们将完善的监理人市场机制作为投入，从长期看，通过市场的充分竞争与市场甄别机制，优胜劣汰，监理人会不断提高监理能力与努力水平，这一过程促使监理人机会主义行为向理想行为转换，并从客观上实现了对监理人努力弱化的纠正。对于后一种情况，国有建设业主代表处于绝对的“强势”，从短期看，监理人被迫与国有业主代表结成纵向合谋，监理人行为异化。同样，我们将完善的监理人市场机制作为投入，从长期看，健全与完善的监理人市场将通过对监理人提供物质支持与精神支持，实现监理人增强独立性的转换，从而摆脱对国有建设业主代表的合谋胁迫创造了条件，为国有建设工程“内部人”控制的有效制衡奠定了基础，从而为抑制监理人异化行为提供条件。因此，培育完善而健全的监理人市场是遏制监理人机会主义行为的原动力。一方面，监理人环境的改变促进了监理人行为的优化；另一方面，监理人行为优化促成了监理人声誉机制的形成，促进了建设监理人环境的优化，如图6-4所示。

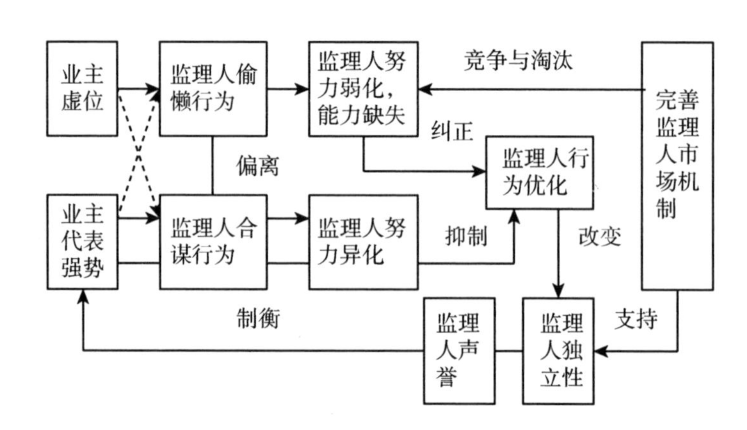

图6-4　监理人机会主义行为控制流程

资料来源：作者整理。

另外业主虚位也可能导致合谋行为，但这种合谋应当属于监理人与承建人的横向合谋，基于已有文献利用该理论对监理人合谋研究比较充分，但对横向合谋中监理人的行为异化的控制仍然适用于以上监理人机会主义行为的控制流程的解释，本书不再赘述。

在本章研究中，我们首先通过文献研究和访谈的方法将监理人行为的影响因素概括为能力、努力、工程性质、监理环境、独立性等五个因子。其中努力与能力是建设监理内生性影响因素，而工程性质、监理环境、独立性是外生性行为影响因素。

在其他条件不变的情况下，具有努力偏好的内控型监理人比不具备努力偏好的外控型监理人具有更好的监理控制行为。监理人能力偏好与关系偏好对建设监理行为影响具有不同的侧重点，前者侧重于建设监理的控制行为，后者倾向于受托管理与和谐关系的实现。工程性质的差异对建设监理控制行为影响显著：在不同性质的建设工程中，国有业主与私人业主对建设监理的质量控制与进度控制行为影响存在显著差异。

独立性对建设监理人行为产生重大影响。业主的非法干预制约了监理人的控制行为。业主的非法干预削弱了监理人参与合同管理和组织协调的积极性。物质支持对建设监理人质量控制与进度控制行为有显著的正向影响。精神支持对建设监理人行为中的合同管理与组织协调行为具有显著的正向影响。

第7章

建设监理人行为绩效的实证研究

第6章我们就监理人行为影响因子做出了分析，为纠正监理人机会主义行为提供了依据。但监理人偷懒和合谋等机会主义行为可能渗透于监理人的各个质量控制与管理环节并进而影响到监理人绩效。因此，只有研究监理人行为绩效，才能深入剖析监理人机会主义的行为后果。本章将实证研究建设监理人行为绩效，即建设监理的质量控制、进度控制、合同管理与组织协调等行为的绩效问题，就建设监理人各种行为对建设工程产出的影响展开经验研究。

7.1 研究假设

建设监理行为绩效指建设监理通过在工程监理过程中实施各种行为，为提高工程质量，改善工程的安全，实现工程预期进度，促进工程建设投资效益改观的程度。一般而言，行为绩效可以划分为任务绩效和周边绩效，前者是指通过直接的生产与服务对团队所做的贡献，是具有明确的法律与规范的职务行为。后者是指对社会或组织产生的间接影响，它对工作环境和任务绩效有着潜移默化的影响（Bonaccorsi and Piccalugadu，1994）。威瑟斯（Withers，1992）等对个人行为绩效的结构进行了理论上的研究并对任务绩效和周边绩效的内容进行了进一步的扩充。

根据建设工程的性质，我们将周边绩效进一步分为关系绩效和社会绩效。据此，建设监理行为绩效概括为工作绩效，关系绩效和社会绩效。

（1）工作绩效。很多学者认为有效的监理活动可以促进建设工程的安全、工期和质量等方面的提高，如布莱克（Black，1996）发现，相对于那些没有聘请监理人的建设工程，拥有建设监理服务的建设工程在投资、质量与安全等方面具备更好的综合表现，并更易获得社会的认可，但是目前的大部分研究停留在定性的描述阶段，尚缺乏定量的实证研究来支持这一结论。我们认为建设监理的工作绩效是通过矫正承建人行为，挖掘承建人潜能，促进承建人自我完善，进而提升工程效益。

（2）关系绩效。关系绩效是指监理人在工作中形成的与业主、承建人的非合同关系，包含与业主的纵向沟通、关系融洽度与承建方的横向交流、知识分享等；关系绩效是工作情景中的绩效，工作绩效是关系绩效形成的前提，而关系绩效对工作绩效产生重要影响。因此，其他建设主体对建设监理行为的评价是监理关系绩效的重要指标。

（3）社会绩效。建设监理行为具有社会效能，这归因于建设工程所具有的社会属性，建设工程的投资、质量与安全不仅关系到投资方的利益，也会涉及最终使用者的利益，关系到社会的长期稳定和谐。建设监理的行为不仅缓解了业主与施工单位的信息不对称，而且承担着建设工程的公共安全责任，特别是由于工程施工中存在大量的隐蔽工程，业主无法对其施工过程进行密切的连续跟踪。在强制性监理制度下，建设监理更多的是代表国有资源所有者依法行使项目管理监督权，具有国家法律法规赋予的独立性和权威性。建设监理是实施这种管理监督权的重要行为主体。在一般情况下，工作绩效与社会绩效是一致的。建设监理工作绩效的提高是社会绩效提高的手段，社会绩效提高是工作绩效提高的必然，但由于评价主体不同，工作绩效与社会绩效也会出现不一致。工作绩效的评价方在投资主体，而社会绩效的评价主体在建筑产品的最终使用者。当投资主体与最终使用者合二为一时，对工作绩效与社会绩效评价是一致的，当两者的评价主体不同时，工作绩效与社会绩效可能会存在差异。这体现在建设监理对进度控制与质量控制失衡。例如，在国有建设工程中，政府业主代表为体现政绩会向建设监理提出压缩工期的献礼工程，仅以施工进度作为评价建设监理绩效的首要指标，而将投资监理、质量与安全监理以及环保监理置于次要地位，在这种情况下，工程质量与使用效果可能会大打折扣。此时，社会绩效与工作绩效评价结果可能是大相径庭。

我们考察监理人行为绩效，即建设监理的质量控制、进度控制、合同管理与组织协调等行为的绩效问题，就建设监理人各种行为对建设工程产出的影响展开经验分析，现提出以下假设并予以检验。

假设 6：建设监理人行为对建设工程质量的提升有正向作用。

假设 6.1　建设监理人的质量控制行为对建设工程质量提升产生正向作用。

假设 6.2　建设监理人的进度控制行为对建设工程质量提升产生正向作用。

假设 7：工程的性质（所有制，投资额度与级别）对建设监理人行为绩效产生不同程度的影响。

假设 7.1　在大中型工程中，建设监理人在私有建设工程中的行为绩效要高于国有投资工程。

假设 7.2　建设监理人对建设质量控制与进度控制的行为绩效在国有特大级建设工程与国有大中型建设工程中存在明显差异。

7.1.1　检验方法与思路

通过对 100 名建设监理人的深度访谈、行为分析和德尔菲法得到行为绩效项目 14 项，制成《建设监理行为绩效量表》问卷，并由 230 名被试进行评定。经探索性因素分析和验证性因素分析，结果表明：建设监理行为绩效应由工作绩效和关系绩效和社会绩效三个维度构成，其中工作绩效包括工作质量、工作数量和工作职责等三个项目；关系绩效包含纵向沟通、横向交流、知识分享与影响力等四个项目；社会绩效包含行业形象、监理权威、社会认同和声誉树立等五个项目。

首先，运用行为分析法，依据 2010 年 9 月印发的《工程建设监理规定》第 5 条“工程监理管理机构职责”、第 17 条“工程建设监理人行为职责”，《注册监理工程师管理规定》第25条“监理权利与义务”、第26～33条“监理法律责任”，《建设工程质量管理条例》第34～38条“工程监理人的质量责任与义务”，对建设监理行为职责进行描述，确定初始任务绩效标准。

其次，通过专家深度访谈法，了解建设监理人的任务性质、行为目标及其关系，探讨监理人行为绩效指标。通过约谈10来名建设监理单位的人事主管与监理业务骨干，就建设监理人行为的绩效指标展开比较深入的讨论。采用类属分析的方法，对各位专家的描述性信息进行语义归纳，分别予以定义和编码，得到含有32项的建设监理行为绩效编码清单，如表7－1所示。

表7－1　建设监理行为绩效清单

合规执业	诚信处事	执业公正	科学监理
依法监理	承担责任	独立性保护	工作严谨
公众利益至上	信息共享	使命感	解决难题
行业认可	关系协调	公正授权	业务指导
熟悉法规	组织沟通	公平对待	技术分享
合理规划	爱岗敬业	关系融洽	开拓创新
责任意识	工作反馈	组织沟通	专业支持
声誉树立	行业威信	激励机制	考核制度

最后，采取德尔菲法对上述清单实施维度分类。结合15位专家的意见，将专家访谈所覆盖32项绩效编码再分类并归纳为13个子项目，每个子项目的分类专家认同率达到70%以上。

7.1.2　量表开发

本研究依据建设监理人的13个行为绩效项目编制了《建设监理人行为绩效量表》，采用Likert七点计分方法，设计了13个题目，对13个行为绩效项目进行的量表开发。

在预测试阶段，将 150 份问卷随机发放给建设监理人，收回 140 份，有效问卷 107 份，有效回收率为 71.3%。然后，利用 SPSS17.1 对问卷进行探索性因子分析，并在此基础上确定正式量表问卷。

在研究样本中，我们于 2012 年 3 月发放问卷 330 份，分别对江苏省南京市等城市的建设监理人进行了建设监理人行为问卷调查，收回 301 份，其中无效问卷 18 份，有效问卷 283 份，有效回收率 85.8%。

7.2 建设监理人行为绩效检验

7.2.1 项目分析

采用极端分组法分别计算建设监理人行为绩效的区分。用 283 名被试的问卷计算分数，然后将建设监理人行为绩效问卷进行降序排列，取前 30% 的高分端作为高行为绩效组，取后 30% 的低分端作为低行为绩效组，中间的 40% 不做分析。应用独立样本 t 检验方法进行检验。绩效指标的临界率大于 0.01，说明分组指标区分度好，可以根据各指标对高、低行为绩效进行有效区分。建设监理行为绩效模型问卷项目区分系数如表 7－2 所示。

表 7－2　建设监理行为绩效模型问卷项目区分系数

项目编号	指标	临界比值（CR）	P 值
1	爱岗敬业	8.761**	0.000
2	依法监理	5.323**	0.000
3	公众利益至上	4.677**	0.000
4	同行认可	4.324**	0.000
5	声誉维护	6.334**	0.000
6	诚信处事	4.324**	0.000

续表

项目编号	指标	临界比值（CR）	P值
7	专业支持	5.434**	0.003
8	激励机制	5.321**	0.000
9	独立性保护	8.763**	0.000
10	公正对待	4.323**	0.000
11	监理威信	4.223**	0.000
12	工作考核	9.123**	0.000
13	组织沟通	8.232**	0.000

注：** 表示0.01水平上显著。

7.2.2 探索性因素分析

运用巴特利特球形检验，检验统计量为598.325，自由度为93，对应概率为0.0001，KMO值为0.861，各个项目相关度不大，样本数据适合做因子分析。

对预测试样本进行主成分分析，采用最大变异数法进行共同因子正交旋转，得到3个共同因子，三因子分别解释34.26%、11.65%和7.32%的变异。累计解释总方差的62.12%。建设监理行为绩效统计总方差及因子负荷矩阵如表7－3所示。

表7－3　建设监理行为绩效统计总方差及因子负荷矩阵（N＝260）

	因子1	因子2	因子3
特征值	5.2210	1.633	1.032
变异方差	35.370	12.75	7.498
变异积累	35.370		
监理效率	0.982		
爱岗敬业	0.879		
依法监理	0.834		

续表

	因子 1	因子 2	因子 3
诚信执业	0.745		
组织沟通		0.823	
信息分享		0.821	
公平对待		0.722	
激励效果		0.687	
专业支持		0.640	
专业认可			0.8543
公众利益至上			0.8220
声誉维护			0.4651

在表 7－3 中，因子 1 包含岗位考核、诚信态度、敬业爱岗、依法监理，其中，岗位考核包括坚守工作岗位，明确分工协助，坚持履行职责，记录监理日志，监理信息录入等，对应行为考核、敬业奉献及依法监理等三个工作绩效项目。这些项目与监理人行为绩效密切相关，同时也体现了建设监理人的专业知识与技能，我们将其定义为监理人工作绩效。

因子 2 包含组织沟通，公平对待，激励效果，专业支持，信息分享。这 5 个项目涉及监理人在执行监理项目中行使行为职责、履行监理专业技能所必需的组织行为环境与工作氛围，是除了监理任务之外，监理人与业主、监理人同行评价以及承建人的相互联系与协调的互动行为。这些行为虽然不是直接运用监理知识及技巧，但有效的沟通行为可以减少组织内部摩擦、辅助管理行为，提高建设监理绩效，我们将其定义为关系绩效。

因子 3 包含公众利益至上，行业认可，声誉维护。这 3 个项目涉及建设监理的社会责任，职业形象以及社会对监理行业的评价，建设监理的社会责任感与使命感是监理人职业内在属性的表现，建设监理行为关系到建筑产品的质量、安全与社会的稳定，其行业特性具有明显的社会属性。因此，社会评价也是体现建设监理行为绩效的重要维度。

7.2.3 信度与效度检验

建设监理人行为绩效量表的克龙巴赫阿尔法系数为0.788，分半信度系数0.759；其中，工作绩效的克龙巴赫阿尔法系数为0.821，关系绩效的克龙巴赫阿尔法系数为0.822，社会绩效的克龙巴赫阿尔法系数为0.721；工作绩效的分半信度系数为0.843，关系绩效分半信度系数为0.722，社会绩效的分半信度系数为0.712，表7-4提示所有的克龙巴赫阿尔法系数大于0.7，该量表可信。

表7-4　　建设监理工作绩效量表信度检验（N=260）

因子	名称	α系数	分半系数
总量表		0.788	0.759
1	工作绩效	0.821	0.843
2	关系绩效	0.822	0.722
3	社会绩效	0.721	0.712

因子分析法是检验结构效度常用的测量方法，我们在使用主成分分析法提取因子时已经得到行为绩效量表主成分的旋转后负荷矩阵，各项目相关系数均大于0.4，结果与构想结构吻合，表明量表所测行为绩效模型效度较佳。

7.2.4 验证性因素分析

运用结构方程软件LISREL8.7，对260份有效问卷的工作绩效、关系绩效和社会绩效进行验证性因子分析。采用极大似然估计（Maximum Likelihood Estimation）进行模型拟合，计算结果如表7-5所示。

表 7－5　　建设监理行为绩效模型拟合指标

拟合参数	χ^2/df	GFI	AGFI	NFI	CFI	SRMR	RMESA	IFI
单因子模型	4. 351	0. 830	0. 810	0. 612	0. 781	0. 054	0. 1410	0. 731
双因子模型	3. 540	0. 870	0. 821	0. 732	0. 821	0. 065	0. 101	0. 832
三因子模型	2. 120	0. 900	0. 891	0. 890	0. 912	0. 051	0. 094	0. 922
标准范围	2～3	0～1	0～1	0～1	0～1	≤0. 080	≤0. 100	>0. 900

7.2.5　建设监理行为与行为绩效的结构方程模型分析

我们根据监理人工作、关系与社会绩效将监理人绩效模型分为虚无模型、单因子模型和双因子模型进行大样本模型拟合检验。在双因子模型中，假设建设监理人行为绩效结构可以合成为工作绩效和关系绩效两个因子，即工作绩效因子由工作考核、合规监理、诚信处事等组成，而关系绩效因子由组织沟通、公平对待、激励机制、专业支持、信息分享、公众利益至上、行业认可、声誉维护等因素组成。在单因子模型中，将建设监理人行为绩效量表的 13 个项目整合为一个单维行为绩效因子。假设在虚无模型中，建设监理人行为绩效量表每一项目都是一个独立的因子结构。

使用 LISREL8. 9 软件对相关数据分析，得到以上三类模型的拟合指标。除了 χ^2/df 和 RMESA 指标，三因子结构的拟合指标在绝大多数绝对拟合指标上都表现较好，且在各相对拟合指标上优于单因子模型（$\Delta\chi^2$/df（152. 570）=5. 250）和双因子模型（$\Delta\chi^2$/df（191. 300）=4. 810）。

图 7－1 为建设监理行为绩效结构图。由二阶因子参数估计值可得，监理人行为绩效各项目与各因子的负荷系数属于（0. 691，0. 884）区间，介于因子负荷系数标准区间范围，模型拟合较为理想（Bagozzi，1988）。

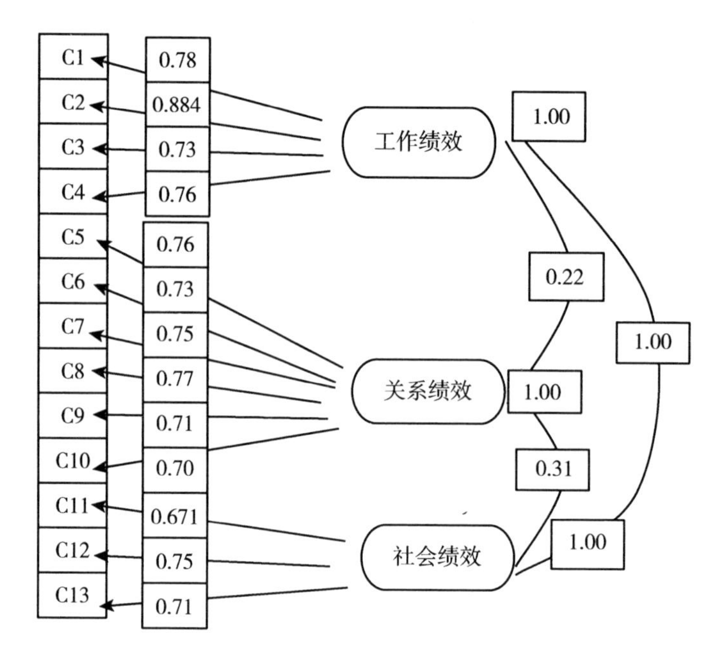

图 7-1 建设监理行为绩效模型

研究表明，绩效结构的实证检验认为建设监理人行为绩效是由工作绩效、关系绩效和社会绩效三个因素构成的结构，如图 7-1 所示。同时，分析结果还表明，建设监理的质量控制行为对建设工程质量的提升有正向作用；进度控制行为对建设工程质量的提升有正向作用，假设 6.1 和假设 6.2 得到证实。

7.3 工程特性对建设监理人行为绩效的影响

在第 6 章中，我们分析工程性质的不同会影响到建设监理的行为。研究结果表明，在不同所有制下，工程业主（或业主代表）对建设监理行为本身存在不同的认识，而建设监理行为在不同性质的建设工程中的表现也有所差异。而这些差异是否会影响建设监理的行为绩效，本节的研究将对这个问题作出回答。

采用描述性统计的方法，将建筑工程所有制性质与建筑工程投资规模的四种组合中的建设工程在工作绩效、关系绩效、社会绩效等方面得分的平均值列于表 7 – 6 中。

表 7 – 6　不同类型工程中建设监理的工作绩效、关系绩效、社会绩效的平均值

监理行为绩效	国有特大 N = 20	国有中小 N = 150	私有大型 N = 20	私有中小 N = 10
工作绩效	3. 43	3. 61	3. 55	3. 54
关系绩效	3. 54	4. 13	3. 43	3. 32
社会绩效	3. 12	3018	3. 03	3. 43

对上述变量进行方差分析，进一步比较在不同性质组成中建设监理的行为产出变量上的得分是否存在显著差异。采用单因素方差分析的方法，分析结果如表 7 – 7 所示。

表 7 – 7　工程性质的差异检验

监理行为绩效	工程类型 1	工程类型 2	Mean Difference	Std. Error	Sig.
工作绩效	国有特大 私有大型	国有大中 私有中小	0. 24 * 0. 19 *	0. 08 0. 09	0. 05 0. 05
关系绩效	国有特大 私有大型	国有大中 私有中小	0. 03 * 0. 13 *	0. 08 0. 08	0. 00 0. 04
社会绩效	国有特大 私有大型	国有大中 私有中型	0. 23 ** 0. 32	0. 12 0. 10	0. 00 0. 01

注：** $p < 0.01$，* $p < 0.05$。

分析结果表明，对于工作绩效和社会绩效而言，建设监理在国有特大型工程中具有较高的绩效，在私人建设工程中的表现次之，而在国有大中型工程中的表现又次之，建设监理的关系绩效对工程特性的敏感性不高。建设监理在不同所有制性质中的行为绩效差异。在国有特大工程与大中型工程中，建设监理的工作绩效与社会绩效得分相差较大。由此，假设 7 得到证实。

同是国有建设工程，为什么投资额度的大小对建设监理人行为绩效也有影响？一种可能的解释是，由于特大型工程在行业影响力，社会关注度（包括高层重视程度），甚至国际形象与声誉等方面因素的影响远远高于其他工程，建设业主与建设监理人受显性契约约束力强，建设监理人的行为绩效较高。但由于特大型建设工程的数目远不及大中型工程项目，大中型工程项目的社会关注度、市场影响力也远不及特大建设项目，建设隐形契约发挥作用，显性契约约束力变弱，建设监理人机会主义行为得不到有效的监督与纠正。因此，监理人工作绩效与社会绩效在不同性质的工程中存在差距，即便是在所有制性质相同的工程中，投资额度的不同对建设监理行为绩效也有影响。

7.4 基于模糊识别的监理人行为绩效综合评级模型

行为绩效评价的复杂性体现在关键评价指标的取舍，这不仅要求评价指标能够全面反映建设监理人行为的本质特征，还要求各评价指标能够高效地衡量建设监理人行为。不同的评价主体主观上对同一评价对象的认识不同，评价指标具有模糊性。同时，行为绩效水平本身在客观上存在各类指标不同程度的交叉，其界限比较模糊。而模糊综合评判方法正好符合上述特点。模糊模式识别理论引入权广义距离之和构造隶属函数，通过单因素矩阵及模糊算子的计算可较好地解决这一问题。本节依据模糊模式识别理论，构造建设监理人行为绩效综合评价模型的步骤如下。

7.4.1 确定相对隶属度矩阵

假设 $X=(x_i)_{m\times d}$ 建设监理人行为的评价指标特征值，$i=1,2,\cdots,m$。$Y=(y_{ik})_{m\times c}$ 为评价指标的标准值矩阵，$k=1,2,3,c$，其中 y_{ik} 为指标 i 的 k 级标准值，相对隶属度计算公式如下，当效益型指标数值越大，k

级别越高。

$$r_i = \begin{cases} 1, y_{ic} < x_i \\ \dfrac{x_i - y_{id}}{y_{ic} - y_{id}}, y_{id} < x_i < y_{ic} \\ 0, x_i < y_{id} \end{cases} \quad (7-1)$$

其中，成本指标数值越小，k 级别越高，相对隶属度计算公式为：

$$r_i = \begin{cases} 1, x_i < y_{ic} \\ \dfrac{x_i - y_{id}}{y_{ic} - y_{id}}, y_{ic} < x_i < y_{id} \\ 0, y_{id} < x_i \end{cases} \quad (7-2)$$

其中，y_{id}表示评价指标的第 d 级标准值，y_{ic}表示评价指标的第 c 级的标准值。因此，构造评价指标相对隶属度矩阵 $R = (r_i)_{m \times d}$，$0 \leqslant r_i \leqslant 1$。

由式（7－1）与式（7－2），得出各评价指标标准值的相对隶属度的计算公式分别为：

$$r_{ih} = \begin{cases} 1, y_{ic} < x_i \\ \dfrac{y_{ih} - y_{id}}{y_{ic} - y_{id}}, y_{id} < y_{ih} < y_{ic} \\ 0, y_{ih} = y_{id} \end{cases} \quad (7-3)$$

$$r_{ih} = \begin{cases} 1, y_{ih} < y_{ic} \\ \dfrac{y_{ih} - y_{id}}{y_{ic} - y_{id}}, y_{ic} < y_{ih} < y_{id} \\ 0, y_{ih} = y_{id} \end{cases} \quad (7-4)$$

可以得到评价指标标准值的相对隶属度矩阵 $\overline{R} = (\overline{r_{ih}})_{m \times c}$，$0 \leqslant \overline{r_{ih}} \leqslant 1$。

7.4.2　模糊模式的识别

设 q 为评价指标体系的任意一个子系统，该子系统包括 s 个评价指标，则评价指标及其标准值的相对隶属度分别为：

$$R_q=(r_1(q),r_2(q),\cdots,r_s(q)) \tag{7-5}$$

$$\overline{R}_q=\begin{Bmatrix}\overline{r}_{11}(q)\overline{r}_{12}(q)\cdots\overline{r}_{1c}(q)\\ \overline{r}_{21}(q)\overline{r}_{22}(q)\cdots\overline{r}_{2c}(q)\\ \cdots\\ \overline{r}_{s1}(q)\overline{r}_{s2}(q)\cdots\overline{r}_{sc}(q)\end{Bmatrix} \tag{7-6}$$

将 R_q 中的每个指标的隶属度分别与标准值的相对隶属度矩阵 $\overline{R}_q$ 中相应的行向量进行比较，可得子系统 q 的级别下限值 c_2^q。我们得到子系统 q 模糊识别模型，如下式（7－7）。

$$u(q)=\begin{cases}1,h=c_1^q=c_2^q\\ 1/\sum\limits_{i=c_1^1}^{c_2^q}\left\{\dfrac{\sum\limits_{i=1}^{s}(w_i(q)/r_i(q)-r_{ih}(q))^p}{\sum\limits_{i=1}^{s}(w_i(q)/r_i(q)-r_{it}(q))^p}\right\}^{2/p},c_1\leqslant h<c_2^q\\ 0,h<C_1^q or h>C_2^q\end{cases} \tag{7-7}$$

其中，p 表示距离参数，p＝1 为海明距离，p＝2 为欧氏距离。将子系统 q 对各个评价级别的相对隶属度矩阵 U_q 以及绩效水平 H_q。

$$U_q=(u_1(q),\cdots,U_k(q),\cdots,U_c(q)) \tag{7-8}$$

$$H_q=(h_1,\cdots,h_k,\cdots,h_c)U_q^T \tag{7-9}$$

式（7－8）中，$U_k(q)\in[0,1\}$，$k=1,\cdots,c$。h_k 为各级绩效水平标准值，评价系统整体绩效水平特征值为：

$$H=\sum_{q=1}^{Q}W_qU_q^T \tag{7-10}$$

最后，根据 H 值的大小确定建设监理人的绩效等级。通过建立建设监理人行为绩效评价模型，奠定了为建设监理人提供有效激励的基础。

7.4.3 算例分析

采用本书模型对某建设工程的监理人行为进行绩效评价。将建设监理人的行为评价级别定为优、良、中、及格、不及格等 5 个级别，并且对相应的级别分别赋予不同分值，分别为 5、4、3、2、1。聘请 6 位专家对建设监理人现场工作进行记录，考核并依据评分标准进行打分，得到建设监理人行为评价指标的特征值，如表 7－8 所示。

表 7－8　监理人行为评价特征值

p_{11}	p_{12}	p_{13}	p_{14}	p_{21}	p_{22}	p_{23}	p_{24}	p_{25}	p_{26}	p_{31}
85	73	89	93	83	84	84	90	86	93	87
p_{32}	p_{33}	p_{34}	p_{35}	p_{41}	p_{422}	p_{423}	p_{424}	p_{424}	p_{425}	p_{426}
92	90	91	93	93	90	91	93	92	0. 0	0. 0
p_{421}	p_{426}	p_{432}	p_{433}	p_{441}	p_{442}	p_{442}	p_{51}	p_{52}	p_{53}	p_{54}
83	87	91	89	78	83	90	88	88	90	93
p_{57}	p_{58}	p_{59}								
90	88	94								

根据模糊评价模型的基本步骤，从最底层起对评价指标逐层向上计算，从而得到系统的相对隶属度向量与监理人绩效水平特征值分别为：

$$u_{41}=(0.0322, 0.9233), H_{41}=4.0321$$

$$u_{42}=(0.1212, 0.7287, 0.062, 0.0189), H_{42}=4.0527$$

$$u_{43}=(0.0312, 0.9234, 0.1324, 0.0353), H_{43}=3.536$$

$$u_{44}=(0.0812, 0.3247, 0.5538), H_{44}=3.5321 \quad H_4=3.875$$

$$u_1=(0.1012, 0.4281, 0.3245, 0.1120), H_1=3.4321$$

$$u_2=(0.2312, 0.6223, 0.176), H_2=4.1781$$

$$u_3=(0.0362, 0.3243, 0.6435), H_3=3.2357$$

$$u_5=(0.2212, 0.7236, 0.0644), H_5=4.0321$$

根据以上结果，得到建设监理人行为的绩效级别特征值为：

$$H = \sum_{Q=1}^{0} W_q U_q^T = 3.68 \tag{7-11}$$

综上所述，我们从建设监理人行为绩效变量的角度出发，采取了相关实证研究方法，建立了基于模糊识别的建设监理人行为绩效综合评价模型。

首先，检验了建设监理人行为的绩效结构，即监理人的工作绩效、关系绩效与社会绩效的构成与权重，并形成了监理人行为绩效结构量表，将四类建设监理行为对建设监理人行为绩效变量的影响进行归纳，如表 7－9 所示。

表 7－9　　　　监理人行为与行为绩效

建设监理行为	工作绩效	关系绩效	社会绩效
质量控制	0.31	0.40	0.31
进度控制	0.21	0.12	0.11
合同管理	0.11	0.31	0.21
组织协调	0.22	0.23	0.31

其次，本章考察不同工程性质对建设监理行为有效性的影响，比较建设监理在不同工程环境下（国有，私有，特大，中小型）的监理人行为绩效变量的差异。

最后，监理工程师是第三方，具有公正性，根据工程承包合同以及监理合同进行监理工作，一定要明确监理工程师的职责及工作流程。在验收项目时，应当在承包商完成检测，并且确定合格后进行，然后，监理工程师才可以进行验收。承包商的责任要求是其建设合格的项目工程，监理工程师的责任是对产品进行验收，如果产品不符合相关标准，就不应该让这些产品呈现在工程表面。监理工程师应当清楚地认识到自己的权利与责任，保证监理的科学进行。从我国目前大量的工程实践来看，造成监理工程师在实际工作中权力与责任不一致有业主方的原因，有政府的原因，也有监理单位和监理工程师自身的原因。目前，我国现阶段工程领域中普遍对工程监理存在误解，对工程监理的概念理解上存在偏差，对监理的工作内容缺乏认识，对监理的作用没有认识到其重要性。另外，监理单位和监理工程师在工作中自身对被赋予的权力运用不当，丧失职业道德，缺乏工作责任心，利用权力谋取私利，对监理行业造成恶劣影响，也使社会各界对工程监理的印象变得更坏，对监理的发展更加不利。监理工程师如何做到权责一致，不仅仅需要监理单位及监理工程师进行改变，还需国家及社会各界的理解支持、共同努力。

综上所述，本章研究主要得到以下几点结论：

首先，建设监理质量控制行为有助于建设工作绩效的提升。

本章研究将建设监理绩效区分为工作绩效、关系绩效和社会绩效。建设监理的质量控制行为对建设工程质量的提升有正向作用；进度控制行为对建设工程质量的提升有正向作用。研究结果发现，在建设监理的四类行为中，质量控制行为对建设工程工作绩效、社会绩效都有明显的提升作用，而质量控制行为对关系绩效的影响较弱，建设监理的质量控制行为对监理与业主以及监理与承建人关系的影响力不大，其中一种可能的解释是，监理人质量控制行为没有得到业主或承建人的充分认可或支持。同时，研究结论也发现建设监理行为中的合同管理和组织协调行为是提升建设工程关系绩效和社会绩效，这表明建设监理人行为可以促进业主自我认知与自我改善，促进承建人依法建设，依法施工，提高建设工作绩效。另外，也显示了建设监理人以身作则的重要性。研究论证了建设监理人四大行为是提高建设工作绩效的一种重要途径，也揭示了包括建设业主在内的各建设主体和工程质量管理部门应该充分重视建设监理人作为建设管理者的重要角色。

其次，在不同性质的工程中，建设监理的工作绩效、关系绩效与社会绩效具有显著差异。

研究表明，工程性质（所有制，投资额度与级别）的不同会引起建设监理执业环境的变化，建设监理结果变量也存在着显著的差异。在不同所有制性质的工程中，业主与承建人对建设监理行为认可程度与配合力度不同。对于工作绩效和社会绩效而言，建设监理在国有特大型工程中具有较高的绩效，在私人建设工程中的表现次之，而在国有大中型工程又次之，建设监理的关系绩效对工程特性的敏感性不高。

最后，建设监理人对工程质量控制与进度控制行为的绩效在国有特大级建设工程、国有大中型建设工程中存在明显差异。前者是由于建设监理可能获得充分的监理授权，建设业主代表赋予建设监理人更多的专业权限，建设监理人的责、权、利划分比较清晰，监理人更加自信，并且具备通过学习培训来更新监理人知识结构，提升监理人能力，不断完善监理人工作的制度保障，建设监理人与业主的显性契约约束对两者都具备充分效力。另外，在不同所有制性质中，监理人行为绩效也存在差异，监理人的质量控制与进度控制行为在国有大中型工程中的绩效表现不如私有大型工程。这很可能是由于国有建设业主代表与私人建设业主的利益与目标约束存在差异。建设监理人工作的主动性和服务的专业性受到隐形契约的干扰，监理人的责、权、利界限模糊不清。

第8章

建设监理人的独立性问题
——基于国有工程的分析

《中华人民共和国建筑法》明确指出，建设工程监理企业根据建设单位的委托，应当独立公正地执行监理任务。《工程建设监理规定》和《建设工程监理规范》要求建设监理企业按照“公正，独立，自主”的原则开展监理工作。我国监理协会制定的《监理人员工作守则》也指出“监理单位应该作为独立的第三方公正、公平地进行建设监理”。其中，不难看出，独立性是建设监理人开展工作的重要原则。

8.1 国有建设工程监理人权利与责任

8.1.1 建设监理人权利与责任的失衡

目前，我国建设资金的70%左右来自政府公共投资。在实际工作中，建设监理人的工作往往受到国有建设业主代表（建设单位政府官员）不规范行为的非法干涉，出现了许多尴尬的局面：如有的国有建设业主代表随便更改设计或施工要求，却要监理人“积极配合”，或者国有建设业主代表对建设监理人不放心，怀疑监理人与施工单位合谋蒙骗，处处对监理人进行监督与干涉，国有业主代表甚至与施工单位相互串通，暗箱操作，或者有意变更设计，增加投资，默许施工单位使用不合格的材料，或者对于存在的一些质量问题不予深究，却要监理人“签字认可”。面对种种不合理的要求，许多建设监理人并不敢理直气壮地坚持按照规定和合同实施监理，为了获得工程与监理费，只好委曲求全而置工程质量于不顾，这些现象在工程监理领域可以说是司空见惯。

在实践中，建设监理法律法规赋予监理人的独立性大打折扣，建设监理人在国有建设工程的监理实践中不能独立行使监理职责，国有建筑工程质量没有得到监理人应有的监护。建设监理人的独立性是公正性的基础和前提。对于国有工程，监理人如果没有独立性，就失去实施强制监理的意义。只有真正成为独立的第三方，才能起到协调与约束的作用，从而提高建筑工程的质量。本书将从监理人权利与义务失衡的角度分析制约和影响监理人行为独立性的因素，并提出完善建设监理人行为独立性的建议。

8.1.2 权利和责任是一个矛盾的统一体

管理者的权利与责任应该是平衡的。没有责任的权利，必然会导致管理者的用权不当，没有权利的责任是空泛的、难于承担的责任。根据管理学的基本原理，管理者的权利与责任必须平衡，有权无责或有责无权的人，都难以在工作中发挥应有的作用，都不能成为真正的管理者。

建设监理是指监理单位接受业主（项目法人）的委托和授权，依据国家批准的工程项目建设文件，有关工程建设的法律法规和工程建设监理合同以及工程建设合同，对工程建设实施的监督管理。对建设监理人权利与责任的讨论可以追溯到国际咨询工程师联合会（FIDIC，1957）出版的《标准土木工程施工合同条件范本》，根据该标准，建设监理人主要的权利包括建设工程有关事项和工程设计的建议权；对实施项目的质量、工期和费用的监督控制权；完成监理任务后获得酬金的权利。我国建筑监理法律法规也对监理人权利与责任做出了相应规定。建设监理人责任可以概括为两个方面：一是对社会和咨询业（建筑监理行业）的责任，即承担监理业对社会所负有的责任，维护监理业的尊严、地位和荣誉；二是维护建设业主的合法利益，并廉洁、忠实地提供服务。与此同时，我国相关的建筑工程法律法规也对建设监理人权利提出了要求。

《中华人民共和国建筑法》第三十二条：建筑工程监理应当按照法律、行政法规及有关的技术标准，设计文件和建筑工程承包合同，对承包单位在施工质量、建设工期和建设资金使用等方面，代表建设单位实施监督。

《建设工程质量管理条例》第三十六条：工程监理单位应当依照法律、法规以及有关技术标准、设计文件和建设工程承包合同，代表建设单位对施工质量实施监理，并对施工质量承担监理责任。

《工程建设监理规定》第十八条：监理单位是建筑市场的主体之一，建设监理是一种高智能的有偿技术服务。监理单位与项目法人之间是委托与被委托的合同关系，与被监理单位是监理与被监理的关系。监理单位应该按照“公正、独立、自主”的原则，开展工程建设监理工作，公平维护项目法人和被监理单位的合法权益。

《监理人员工作守则》：（1）维护国家的荣誉和利益，按照“守法、诚信、公正、科学”的准则执业。（2）执行有关工程建设的法律、法规、规范、标准和制度，履行监理合同规定的义务和职责。……（9）坚持独立自主地开展工作。

我国建设监理人的权利与责任是不对称的。一方面，从建设监理人的权利来看，根据监理合同，项目业主与监理人的关系是委托与被委托的关系，建设监理工作的基本特征是建设咨询和管理，建设监理人的工作权限仅囿于业主授权的范围之内，并以获得业主支付的监理费作为其唯一的合法报酬。监理人行使权利的对象是建设业主委托内容，并对建设单位负责。另一方面，我们从建设监理人相关法律与法规可以看出，建设监理人承担双重责任：一是“维护国家荣誉和利益，执行有关工程建设的法律、法规、规范、标准和制度”（第一责任），二是“努力向项目业主提供与其水平相当的服务”（第二责任）。我们把前一种责任称为社会责任，国家推行强制监理制度的目的之一便是保证国家重点建设工程和大中型公共事业项目的建设效果，使建设工程项目能按照既定的目标进行；而后一种责任是根据委托关系产生的契约责任，监理人在契约期间对业主委托的监理工作履行职责，代表业主对施工情况进行监督和管理。一般情况下，这两种责任是吻合的，但也可能存在差异，甚至背道而驰。当建设业主代表行为合法时，监理人的社会责任与契约责任合二为一，监理人权利与责任是平衡的。当项目业主代表行为目标非法时（如国有建设项目业主代表的腐败行为），监理人的社会责任与契约责任会出现偏离。在这种情况下，监理人面临两难的选择，监理人可能会选择忠于社会责任，秉持正义，但这必然与建设业主代表的意图发生冲突；也可能会屈从于项目业主代表的非法偏好，对建设业主代表的非法要求言听计从，但这又会留下建设工程的质量隐患。因此，社会责任与契约责任的偏离将造成建设监理人丧失独立工作的可能。而在现实中，我国建设监理人市场处于买方市场，监理人市场过度竞争与监理工作申述机制的缺乏会将建设监理人独立判断与决策受到建设业主代表非法干预的可能性变为现实。

8.1.3 国有建设工程监理人独立性分析

工程建设监理人是直接参与工程项目建设的“三方当事人”之一，它与项目业主、承建商之间的关系是平等的，FIDIC 出版的《业主与咨询工程师标准服务协议书条件》明确指出，建设监理人是“作为一个独立的专业公司受雇于业主去履行服务的一方”，监理人是“作为一名独立的专业人员进行工作”。同时，FIDIC 要求其成员“相对于承包商，制造商，供应商必须保持其行为的绝对独立性，不得从他们那里接受任何形式的好处”。由此可见，独立性是监理单位开展工程建设监理工作的重要原则。

1. 国有建设工程监理人特定的独立性

FIDIC 关于独立性的定义仅限于建设监理人相对于承包商的独立性，并没有包括相对于委托人的独立性。实际上，学界对监理人与建设业主之间关系的理解一直以来都停留在委托与被委托的关系，并没有独立的第三方含义，特别是将监理人作为“业主代表”的明确定位，更把两者的关系明朗化，即建设监理人根据协议给予的权利在现场代表建设业主对施工合同进行管理，与建设业主间的“独立性”仅仅理解为人格的独立和机构的独立，而并非涵盖监理人行使监理权利时相对于建设业主的独立性。笔者认为，FIDIC 关于监理人独立性的定义仅适用于在西方建筑产权关系明确，建设业主通常是建筑工程的实际投资者或建筑工程产权实际所有者的情况。在这种条件下，建筑工程的效果直接关系到建设业主的切身利益，并“天然”地成为其首要关注的对象。因此，FIDIC 对独立性的定义就仅是相对于承包商的独立性。

在现阶段，国有建设工程业主代表（政府官员）与建设监理人的地位并不是平等的。我国国有建筑市场目前处于买方主导地位。在各个市场主体中，国有建设业主代表的地位最高，从建设项目的发起，资金的筹集到勘察，施工与监理单位的选定，再到竣工和验收，主动权都在业主代表的手中，业主代表在建设全过程中发挥中心决策作用，其行为对包括监理人在内的其他建设主体的影响极大。在国有建筑工程中，对建设监理人独立性的侵蚀主要来自国有建筑工程业主代表。大量国有建筑项目或国有公共基础设施由政府投资兴建，其与生俱来的“国有”身份不可避免地带来“最终所有人”缺失问题。国有建筑工程业主代表只不过是代表全民管理公共建筑的建设，而国有建筑工程所有权的人格化主体缺位，造成国有建筑工程产权的实质性空置。虽然国家对政府投资工程、大型民用住宅等关系到国计民生的建设工程实施了强制监理制度，但处于被雇用地位的监理人在实际工作中却严重依附于国有建设业主代表，在国有建设工程初始委托人虚拟化的条件下，国有建设业主代表的机会主义行为缺乏有力的监督，而缺乏独立性的监理人无法抗衡和纠正国有建设业主代表的非法干预，往往是在发生重大质量安全问题之后才去追诉业主代表的责任，这给国家和社会造成了不可挽回的巨大损失。国有建设业主代表对监理人的选择有绝对话语权，坚持依法实施监理工作的建设监理人往往难以履行或完成委托人的“任务”，监理人会因为“不听话”甚至难以在国有工程的建设监理人市场获得更多的监理任务，久而久之，监理人市场劣币驱良币现象形成，强制监理制没有充分发挥积极的作用。

2. 国有建设工程监理人独立性影响因素

在我国现阶段，影响监理人独立性的因素包括国有建设业主代表的不规范行为和监理人自身素质问题。国有建设业主不规范行为是损害监理人独立性的外在原因。国有建设业主代表行为不规范对监理人权利侵蚀的根源包括国有建设业主代表职责不清与机会主义行为。首先，国有建设业主代表对监理人工作的重要性认识不足，随意性大。据调查，目前许多建设业主对聘请监理人很无奈，业主代表认为监理人是“政府强制规定的，不得已而为之”。有的即使聘请了监理人，也是象征性的，不把合同中规定的权力交出，致使监理人有职无权，发挥不了其应有的作用；或是对监理工作横加干涉，并插手监理人应做的具体工作，监理人蜕化成“弱势的第三方”，使得建设监理人的职能得不到充分的发挥。其次，国家投资的建设项目的决策者和管理者往往是政府官员，这些国有建筑业主代表的责、权、利界限不清，管理人员对工程损失所负责任不明确，国有建设业主代表极少承担风险，这严重地影响了投资效率的提高。一个真正负责任、有使命感的业主，必然十分关注投资效益与效率，而委托专业的优秀的监理公司恰恰能满足这种需求。但现阶段我国一部分国有建设业主代表唯利是图，认为委托监理人监管只会影响他们乱中获利，自然不愿意委托监理或者放权，将监理人的现场管理架空。

建筑监理人自身素质不高是监理人独立性缺乏的内在原因。一名监理工程师应该是有着很高的能力以及资格，同时具有良好的职业道德，但在实际工程监理过程中，监理人的素质普遍不高，难以担当监理工程师的全部职责。有些监理工程师甚至认为，自己是业主代表出钱雇用的，所以在实际工作中就要以建设业主代表的利益最大化为目标，而不是以建设工程社会效益最大化为目标，处处对建设业主代表唯命是从，对建设业主代表的不规范行为视而不见，这些都严重影响了建设监理人的独立性。

8.1.4 完善建设监理人独立性的建议

监理人独立性缺失的根源在于监理人权利与责任的失衡。国有建设业主代表的不规范行为阻碍了监理人工作的独立性。因此，从制度层面理顺监理人权利与责任的关系，保证监理人正当行使权利，对于促进建设监理人的权利与义务的平衡，对于遏制国有建设业主代表的机会主义行为，摆脱国有建设业主代表对工程建设的非法干预，乃至提高国有建设工程效果具有重要的意义。

1. 加强监理人行业协会建设，确保监理人合法权利

集体的力量远大于个人。建设监理人行业协会应该成为监理人申诉维权的重要平台，建设监理人对于国有建设业主代表的非法干涉可以借助于行业协会的力量予以抵制，利用行业协会扩大自己的话语权，维护法律赋予的正当权益。

监理行业是一个弱势行业和外部性显著的行业，政府建设部门应该大力支持监理行业与监理协会的发展，完善对监理人分级机制，建立监理行业奖励基金，对处于相对劣势地位的建设监理人的正义行为予以精神和物质奖励，扩大其社会知名度与行业认可度。实行统一的监理服务收费标准，排除监理人因受领薪水而不敢、不想和不愿指出并纠正国有建设业主的不规范行为。实行统一收费，监理服务费由建设单位直接交给监理协会，监理协会统一出具收费发票，监理费由监理协会返还给监理企业，监理人与国有建设业主代表之间不再直接进行监理费收支，这样既保证了监理人与建设业主代表之间不会有直接的经济与雇用关系，保障并加强了建设监理人工作的独立性。对于国有建设业主代表的不规范，甚至是非法行为，监理人就可以理直气壮并无后顾之忧地予以拒绝。同时政府部门要健全监理约束考核机制，以相关法律为依据，让建设监理人工作规范化。另外，利用行业协会，建立健全监理约束考核机制，建设监理人信誉档案和等级评分，严格监理人准入与淘汰机制，杜绝建设监理人滥竽充数，越级监理甚至无证监理的现象。

2. 提高建设监理人自身素质，增强建设监理人责任

国有建设业主代表对建设监理人工作干预的另一个原因是对建设监理人的不信任。目前，我国监理人市场的确存在监理人水平良莠不齐，监理服务质量不高的现象。因此，只有加强监理工程师的技术能力，提高服务质量和水平，才能获得国有建设业主代表的认可和信任，才有可能让业主代表依法让渡管理权限，将监理工作的职责完全交由建设监理人来承担，使其能够独立自主地处理有关工程质量、成本、进度等各项问题。也只有这样，监理人的地位才能提高，其工作的独立性才能得到维护。

8.2 国有建设工程中的内部人控制与建设监理独立性

在国有建筑工程中，内部人控制和声誉价值是影响监理人独立性的两个重要因素。长期存在以政府业主代表为主导的“内部人控制”，导致建设监理独立性缺失。建设监理被迫就范，与政府业主结成纵向合谋体的可能性大大增加，造成的严重后果是国有工程的质量与安全危机频现，建设监理的声誉也受到极大的损害，声誉机制被严重弱化甚至虚化。如何强化面向国有建设工程的建设监理的独立性，成为国有建设工程实践提出的一个重大的课题。本书拟从声誉机制的视角对这一课题进行探讨。

8.2.1 文献回顾

声誉是指社会公众对经济体服务质量予以赞美和信任的程度，它是由知名度、美誉度、客户忠诚度等内在品质构成的（BrianW. Mayhew，1960）。麦考利（Macaulay，1963）以及克莱因和莱弗勒（Klein and Leffler，1981）认识到企业与顾客的重复交易中声誉的重要性。如果企业未能履行合约，企业就可能丧失一部分顾客，这样企业声誉的价值就等于未来交易的损失减去背信合约所得到的短期收益。这种观点已被模型化，成为无限次重复博弈的触动策略均衡。声誉是一种与物质资产和金融资产相类似的资产，声誉是逐步建立和逐渐消失的，也需要投资和维持（Mainlath and Larry Samuelson，1998）。声誉的价值在于增加企业“高水平努力”承诺的可信度，使企业克服道德风险，避免陷入无效的低水平努力均衡。声誉信息理论将声誉看成是反映行为人历史记录与特征的信息。声誉信息在各个利益相关者之间的交换、传播，形成声誉信息系统及声誉信息网络，成为信息的显示机制，有效限制了信息扭曲，增加了交易的透明度，降低了交易成本。经济主体在一个特定的商业交易或者一系列商业交易中的表现将体现出他的一般商业声誉。派尔（Pyle，2002）运用五个转型经济国家制造企业的数据专门研究了商号间的声誉信息流的渠道以及影响因素。派尔认为，声誉信息流可以替代更正式的法律意义上的合同实施，它使声誉效应能够超越双边机制，增加了提升市场效率的可能性。他们认为，声誉系统是一种信号发送机制，它集中和报告有关过去交易的信息，并将现阶段的机会主义行为与下一阶段更低的声誉水平联系起来。国内学者运用声誉理论说明我国现实条件下声誉机制发挥作用的条件与解释声誉机制对个人或组织的影响。文献梳理可以概括为两条主线：一类是将声誉作为自变量，考察声誉对效率的影响。方军雄研究了注册会计师职业声誉的损害是否会削弱社会公众对审计质量的评价，进而影响市场对公司价值的判断。文章以 2002 年 3 月中国注册会计师协会发布的未通过年检的五家会计师事务所作为切入点，研究声誉受损对其主审上市公司累计异常回报率的影响，结果发现异常回报率显著为负，而且这种负面反应的程度与上市公司的委托代理成本相关，但与独立性不存在显著关系。张存彦、王淑珍采用事件研究法，发现在窗口期内其客户的股价有显著下降，且会计师事务所的声誉越高，其客户股价下降幅度越大。这说明我国资本市场基本具备了对审计师声誉实施自动惩罚的功能。陈骏研究了审计师声誉对银行信贷资源配置的影响。在区分产权性质后发现，国有控股公司中审计师声誉机制主要体现为“约束效应”，非国有控股公司中仅存在审计师声誉机制的“门槛效应”，研究结果表明审计师声誉是一种有效的资源配置机制，但其有效性受制度环境的制约。另一类是将声誉作为因变量，研究影响声誉的因素或者是声誉机制发挥作用的条件。如钱颖一认为声誉机制的有效性依赖于法律、市场竞争、行政监管等制度基础。在我国当前司法体系尚不完善的制度背景下，声誉机制的有用性将受到质疑。冯茜颖、程宏伟认为，政府干预和市场声誉机制作用的差异是影响资本市场有效性的制度根源，非市场化因素导致资本市场依托价格发现机制甄别优劣公司的内生治理机能发生了扭曲，而解决问题的关键是要优化资本市场资源配置的机制结构，以及建立声誉产权的保护机制。徐明对国有企业经营者声誉机制的现实进行考察，然后对经营者声誉激励机制进行单阶段和多阶段博弈分析，进而结合国企实际，提出建立国企经营者声誉激励机制的对策。易玄研究了审计声誉机制的作用机理、失效与治理审计声誉机制失效的治理策略，提出了构建顺畅的声誉信息生成与传递通道；维护企业自由的审计契约签约权；强化审计职业道德教育和审计诚信体系建设。在国有建设工程中，内部人控制对监理人行为产生的负面影响是毋庸置疑的。作为一种制度安排，内部人控制的根源在于建设工程的国有性质，大量已有文献从如何规范政府业主代表行为，引入战略投资者，扩大民资参与国有工程份额，稀释建设工程的国有性质等方面进行了探讨，但其目标都旨在遏制建设工程中的内部人控制，而这仅仅是解开建设监理摆脱内部人控制获得必要独立性的一个结，而从企业声誉的角度研究声誉机制对建设监理独立性的影响是解决问题的另一个结。声誉作为一种隐形的非正式机制，不仅是一种成本更低的维持交易秩序的机制，而且是法律规章等显性制度代替不了的。已有文献尚未很成熟地将声誉理论的运用于建设监理独立性的分析，我们将讨论建设监理声誉机制对于摆脱国有建设工程中“内部人控制”，增强建设监理独立性的作用，从而为建设监理摆脱政府业主代表“挟持”下的纵向合谋提供有效的途径。

8.2.2 政府业主代表的“内部人控制”与监理人独立性缺失

基于公共投资的国有建设工程所有权与控制权相分离，国有建设工程的终极委托人是“全民”，但“全民”是一个以所有者身份向代理人表达利益偏好存在障碍的虚拟化概念，缺乏行为能力。项目所有者（全体公民）与国有项目经营者（政府业主代表）利益不一致，导致国有项目经营者对建设工程的投资、进度、建设等全方位控制，即国有建设工程的“内部人控制”。国有建设工程产权虚置为建设业主代表“内部人控制”创造了条件，政府业主代表对国有建设工程的超强行政干预是委托权与代理权形成纵向合谋，攫取租金的制度基础。建设监理对政府业主代表要承担正式的契约责任，并接受他们支付的报酬，这使得建设监理产生了对于后者的经济依赖。建设监理的这种利益倾向会削弱他的独立性，而在“内部人控制”的情况下，这种削弱更加厉害。在国有建筑工程中，对建设监理人独立性的侵蚀主要来自国有建筑工程业主代表。政府业主代表只不过是代表全民管理公共建筑的建设，而国有建筑工程所有权的人格化主体缺位，造成国有建筑工程产权的实质性空置。虽然国家对政府投资工程、大型民用住宅等关系到国计民生的建设工程实施了强制监理制度，但缺乏独立性的监理人无法抗衡和纠正国有建设业主代表的非法干预。往往是在发生重大质量安全问题之后才去追诉政府业主代表的责任，这给国家和社会造成了不可挽回的巨大损失。国有建设业主代表对监理人的选择有绝对话语权，坚持依法实施监理工作的建设监理人往往难以履行或完成委托人的“任务”，监理人会因为“不听话”甚至难以在国有工程的建设监理人市场获得更多的监理任务，久而久之，建设监理人独立性丧失殆尽，强制监理制度形同虚设。

声誉假设（reputation hypothesis）从非正式制度层面做出了解释。声誉假设提出，声誉是一种有价值的资产，建设监理的不完全独立将对监理人收费、品牌及声誉产生重要影响。从保护自身利益的动机出发，建设监理有努力树立声誉并精心维护、保持独立性的内在动力。从广义的委托监理关系看，作为弱势利益主体的实际出资者和最终受益人（全体纳税人）是委托人，代表强势利益主体的政府业主代表是代理人，与建设监理构成了委托监理关系的三个主要参与者。而从狭义的委托监理关系看，代表强势利益主体的政府业主代表是委托人，与承建商和建设监理构成了委托监理关系的三个主要参与者。因此，政府业主代表在不同层次的委托监理关系中扮演着双重角色。而从契约关系看，狭义的委托监理关系体现为政府业主代表与建设监理的正式契约，广义的委托监理关系表现为在长期的市场交易与交易惯例中形成的初始业主（公众）和建设监理之间形成的非正式契约安排。建设监理需求仅表现为在正式契约中，特定利益主体（政府业主代表）的单方选择，而不是全体利益主体的集体选择。因此它不能体现弱势利益主体（公众）的建设监理权，建设监理在经济上受制于强势利益主体，因而在行为选择上就有利益倾向性。因此，正式契约忽略了弱势利益主体通过非正式契约安排对建设监理未来经济收益的制衡力，而正是这种正面积极的作用力改变了各方力量的对比，为建设监理的独立性提供了一种救济。在市场成熟的条件下，建设监理的市场声誉具有良好的行业示范与社会认可效应，独立性带来的声誉能为建设监理带来即时的经济回报；良好声誉带来的持续收益，也促使建设监理不仅有对他的独立性作出承诺的激励，而且还有保持实质上独立性的激励。通过市场的力量，声誉机制约束了建设监理的行为，提高独立性，帮助弱势利益主体通过非正式契约安排来选择优质的建设监理，提高建设工程安全质量。政府之所以要对大型国有工程实施监理制度，是为维护公众的长期利益，赢取纳税人对政府基本建设投资的信任、并获得公众在要素投入上的支持。建设监理之所以能够作为第三方，承担起对国有工程建设过程与强势利益主体（政府业主代表）的监督职责并协调不同利益主体的利益，是因为他做出的在工程监理的过程中保持客观公正的承诺，以及一贯履行承诺的声誉。强弱两种力量的对比因此发生了变化：丧失了独立性的建设监理得不到社会公众的信任与认可，不能通过有效的市场甄别与筛选程序，无法提高交易效率，最终会失去建设监理业务，也就是说建设监理承担的违约责任将来自于其市场声誉对他自身的惩罚。经验研究也表明，在市场发育得越好、市场约束力越强的国家和地区，各种利益协调机制发展得越健全，建设工程秩序因此能得到越好的维护、公共利益主体的利益获得保护的力度也越强（Shleifer and Vishny，1997）。沃茨和齐默曼（Watts and Zimmerman，1983）也证实，在声誉机制强效应条件下，建设监理有动机自觉保持独立性，否则其声誉受损后就会失去建设监理业务。因此这种由交易习惯、市场规则等行为规范构成的非正式契约安排虽然没有法律强制力，但由于它是市场交易者重复博弈的结果，反而更有利于当事人抵挡机会主义的诱惑（张维迎，2002）。

8.3

声誉机制对“内部人控制”的制衡

对建设监理独立性的影响而言，声誉与内部人控制是一对性质不同、方向相反的作用力。声誉是非正式契约的自履行机制，也是建设监理独立性的重要保障。从表面上看，建设监理的经济利益取决于他与委托人的正式契约规定，而实际上则是取决于他所承诺的独立性。一般而言，建设监理有动机主动考虑公共利益主体的利益，自愿保持对特定利益人（政府业主代表）的相对独立性。同时，市场这只看不见的手，包括成熟的市场制度、健全的法律体制和完善的行业规则会加强对公共利益主体的保护，约束包括政府业主代表、建设监理在内的市场参与人的机会主义行为，从而改变监理契约各方的力量，使得力量的均衡朝着有利于加强监理独立性的方向发展。如果弱势利益主体（公众）的权益因为建设监理失败得不到维护，他们就会通过声誉机制影响强势利益主体对未来建设监理的选择，并通过正式制度安排使得这种有效的选择方式长期化（Litan，2002）。“内部人控制”与建设监理的独立性是相互影响的。一方面，在国有建设工程中，“内部人”的存在加剧了建设监理对其的依赖性，对建设监理独立性产生负面影响。另一方面，独立性卓越的建设监理因拥有良好的声誉而具备抵御“内部人”控制的能力。声誉对“内部人控制”的制衡是通过增强建设监理的独立性来实现的。很多研究结果证实，声誉对独立性的支持是因为它具有经济后果。雷诺兹和弗朗西斯（2000）的研究证实建设监理声誉的影响是抵消他们对委托人经济依赖性的重要力量。沃茨和齐默曼研究发现，失去了独立性的建设监理即使从当前的客户处获取了收益，也无法弥补由于监理失败而造成未来可能的损失。这些损失不仅包括法律诉讼的成本和赔偿成本，还包括建设监理声誉的损失。前者可以通过预先的保险得到一定程度的补偿，但是后者却无法通过保险来弥补（Pallnrose，1988）。声誉受损失后客户的流失、未来收益的缩减比来自单个客户的收益更为重要，即使出于自利动机的建设监理也不得不考虑声誉的影响，而且规模越大的建设监理公司在这种情况下的损失就越大（DeAngefo，1981）。从这些研究者的结论来看，尽管建设监理与“内部人”之间存在的各种关系，尤其是来自“内部人”的经济收入让建设监理在经济上表现出对“内部人”的依赖，但由于声誉效应的影响，当建设监理屈服于“内部人”控制的同时也要面临“外部市场”的压力。因此，建设监理有保持自己独立性的动力，进而产生对“内部人”控制的制衡。在国有建设工程中，政府业主代表实施“内部人控制”，侵蚀建设监理独立性的手段通常体现为正式契约中规定的建设监理的聘用与薪酬支付。而作为非正式契约的监理声誉可以从这两方面提供救济。从声誉的信息效应看，声誉信息的流动与传播可以拓宽以市场为基础的交易范围，并限制行为主体的机会主义倾向。声誉反映了建设监理是何种类型的信息，这种信息可以成为一个有效的识别信号，帮助需求者——“纳税人”建立甄别建设监理类别的信息平台，为政府业主代表选聘优秀建设监理设置必要的资质与声誉门槛，从而减少政府业主代表在聘用建设监理的主观任意性与寻租行为；从声誉的资本效应看，声誉是行为主体的一种长期无形资本，声誉资本能给声誉主体带来“声誉租金”，给行为主体带来超额收益，是市场隐形契约对建设监理正式契约的额外补偿，该补偿拓宽建设监理获取薪酬支付的渠道，并稀释了建设监理对“内部人”的经济依赖度，从客观上增强了监理人独立性。此外，声誉具有路径依赖性，建设监理对自身声誉的投资越多，他就越关注自身的声誉，就会为维持和扩大声誉而做进一步的声誉投资，从而为建设监理远离“内部人控制”提供源源不断的动力。

综上所述，当内部人控制强化时，监理人独立性变弱，而当声誉机制发挥作用时，监理人独立性增强，监理人独立性取决于声誉机制与内部人控制的相对强弱。而声誉对“内部人控制”的制衡是通过增强建设监理的独立性来实现的，其实质是市场力量与政府管制力量对比的结果。在声誉机制缺乏作用的条件下，国有业主代表的“内部人控制”使得建设监理丧失必要的独立性而被纵向合谋的可能性大大增加。

我们应当积极培育建设监理声誉机制发挥作用的市场环境，建立包括建设监理声誉信息的收集机制，建设监理执业质量监督机制，建设监理声誉信息评价机制以及建设监理淘汰机制在内的声誉制度，为建设监理声誉机制的发挥提供制度保证，从而逐步增强建设监理的独立性，这不仅是抑制国有建设工程“内部人控制”的有效途径，也是运用市场手段促进国有建设工程质量稳步提高的长效机制。

第9章

建设监理人行为的伦理治理

9.1

植入“道德敏感性因素”对道德风险的抑制

传统委托代理理论是以代理人“自利”和纯“物质激励”为假设的，对代理人偷懒效应的分析仅针对偷懒对委托人造成的损失与代理人由此获取“闲娱”效用，而没有将偷懒对代理人产生的负效用考虑进来，偷懒会导致生产效率和质量的下降，即便偷懒不被发现，有“良知和道德”（道德敏感性（moral sensitivity））的代理人会因为觉得自己“劳动”对不住“报酬”而感到自责和羞愧，心理负罪感为代理人带来了负效用。传统的代理人效用没有考虑这种负效用。我们可以认为其隐藏着代理人道德敏感性为零的假设，即代理人不会对自己的败德行为产生任何内疚、自责等负效用。通过道德或社会准则制约代理人的自利行为，很早以前就在代理理论的文献中提出（Demski，Feltham），但一直以来，主流文献似乎偏好以经济激励作为解决道德风险问题的主要方式，治理道德风险的传统方式是经济激励型的，即从物质激励的角度研究代理人的参与和约束条件，属于典型的“他律型”的治理方式。本章试图以道德敏感性为研究视野，考察代理人的“自律型”治理方式，即治理道德风险的精神激励模式。

9.1.1 道德敏感性的内涵与功能

道德敏感性又称为代理人的道德感或道德良知，这是对各种行为，如说谎、违约等行为的发自内心的规避（Brandt）。1983年，美国明尼苏达大学伦理发展研究中心提出了道德行为的四成分模型（Four-component Model），在明确人的道德行为是确定其德性的重要组成部分的认识基础上，认为道德行为的产生至少是由道德敏感性（moral sensitivity）、道德判断（moral judgement）、道德动机（moral motivation）和道德品性（moral character）等四个心理成分构成的，并认为在道德行为发生的每一个心理成分中都包含着认知与情绪的复杂交互作用，从而使得道德心理学在解释个体面对现实生活中复杂道德问题时的心理活动以及预测个体的道德行为时有了更为坚实的理论依据。道德敏感性也因此从道德心理结构中凸显出来，成为道德心理学继传统的道德判断和推理研究之后的一个崭新的研究领域。

在四成分模型中，道德敏感性被理解为对情境的领悟和解释能力，是对情境的道德内容的觉察和对行为如何影响别人的意识，即敏感地认识到“这是个道德问题”。其中，还包括对各种行为如何影响有关当事人的观点采择和移情，想象事件的因果链，或者还会虑及一些能适用于该情境的特定的道德规范或原则。这四个道德心理成分或过程理解为一种逻辑顺序并作为描述道德行为发生的分析框架是必要的，但它们在现实中并不一定以固定的时间顺序呈现，因为它们之间存在复杂的前馈和反馈环路以及相互作用（Rest，1983）。例如，个体对于什么在道德上是正确的理解和判断就可能会影响到个体对情境的领悟（道德敏感性）；当个体意识到道德行为的成本和代价时，还可能会采取防御性的方式，通过否认行为的必要性、否认个体的职责或重新解释情境（道德敏感性）以使自己做出其他可选择的行为。道德敏感性作为人的一种感受能力，表现了他对各种事情、周围环境及他人需要、动机以及求助的能力，是对他人遇到困难需要帮助的一种感知，道德敏感性对个体行为产生重要的影响。道德敏感性较高的人在遇到周围发生的道德事件时具有很强的移情能力，能够及时觉察并付诸行动，他会比一般人表现出更多的利他行为，体验到更深刻的道德情感，它是一个人道德认知、道德情感和道德意志的集中表现，是来自道德认知和道德意志基础上的道德情感和道德行为的具体表现，能够驱使个体把道德的诉求投入到道德行为之中，是道德行为的动力源泉。道德敏感性是一个人德行和德性的集中表现，是源于道德认知和道德信仰基础上的道德情感、道德品质和道德行为的综合表现，是人们对道德的价值追求和付诸道德行为的动力源泉。道德敏感性是产生道德行为的基础。作为一种特殊的道德体验方式，道德敏感性是对个体所处情境的道德内容的察觉和对行为如何影响别人的意识，是个体对于自己和他人在观察道德事件时能够及时觉察道德情感的敏感度，能够体察到自己的所作所为对他人思想和行为影响程度。道德敏感性主要是相对道德冷漠而言的，它是人对某种事情积极反应的一种能力，特别是对所做出的道德事件及行为的感觉能力的反映，也是人们对于道德事件所持态度以及能够迅速作出反应的能力。

9.1.2 道德敏感性因素对代理人的行为约束

由于代理人是一个具有独立利益目标的经济人，他的行为目标与委托人的目标不可能一致，目标的不一致使代理人采取使自己利益最大化而不是委托人利益最大化的行为目标。在信息不对称条件下，代理成本的产生是不可避免的。威廉姆森认为，有限理性和机会主义行为使代理人不可避免地产生“违诺”行为，即交易双方在交易协议签订之后，代理人利用多于委托人的信息，有目的地损害委托人的利益而增加自己利益的败德行为。委托人和代理人的地位本是平等的，只是由于信息不对称的存在和结果的不确定性，使得代理人的“偷懒”或“谋私利”成为可能。所以西方股份公司中的委托代理关系实质上是市场关系，委托人购买的是代理人的服务（管理才能），但因代理人拥有“完全信息”，委托人无法确知这一服务的“质量”，代理人于是有动机“以次充好”，由此给委托人造成损失。然而委托人并不是消极等待被“骗”，他可以主动利用约束激励这一“双刃剑”机制来监督和制约代理人。具体而言，激励是靠给代理人以部分剩余索取权，使其为了自身的利益最大化而努力，结果客观上促进了企业效率和利润水平的提高，满足了委托人的盈利目标，达到“激励兼容”。但仅给代理人以激励，却不施加相应的约束，将使得代理人的刺激与风险承担不匹配、不对称，加剧其机会主义行为倾向，增大代理成本，所以要靠市场机制来约束代理人的败德行为；这一市场化约束机制的实质是用替代（replacement）和退出（exit）来对代理人进行有效的威胁，因为委托人与代理人之间是平等交易关系，如果你代理人“骗”我，我或可以“用脚投票”，主动退出与你的委托关系，或可以“用手投票”，解雇代理人，用新的代理人来替代。这一替代和退出机制不需要必然表现为行动，只要有发达和相互竞争的代理人市场为后盾，威胁（threat）的承诺也照样有效。另一方面，市场机制作为一种显示和信号（signal）机制，众多代理人之间的相互竞争使得私人信息公开化并趋近于市场均衡水平，这一由潜在竞争所保证的信息显示极大地降低了信息不对称对委托人造成的损失，节省了监督成本。可见，正是这一激励靠产权，约束靠市场的“双刃剑”保证了委托代理关系的效率。即使是在市场经济高度发达的西方国家，光靠市场方面的激励和约束机制是远远不能够解决代理人发生道德风险行为的，市场约束毕竟在一定意义上是属于事后控制，乃“亡羊补牢”的行为。对这个问题的解决之道在于代理人的道德自律，需要通过代理人自律性道德行为来防止代理人的道德风险，做到事前的有效控制。

为了考察道德激励方式，我们假设委托人在没有可靠的绩效评价指标下实施传统的经济激励，但是我们增加了对代理人道德敏感性因素，代理人拥有一定道德敏感性，即代理人事后的偷懒会给其带来负效用。当代理人不具备道德敏感性时，代理人不会为自利行为感到任何自责和内疚。因而，这也就是传统代理理论中代理人的“完全自利”假设的极端情况。当代理人道德敏感性为零且绩效评价指标可靠时，我们得到传统的委托代理关系。我们假设委托人在草拟契约时，除了约定工资外还规定了一个代理人的努力标准（应然努力水平），当代理人具有一定道德敏感性时，代理人偷懒会给其带来负效用，而该负效用的大小取决于代理人的道德敏感性程度和代理人实然努力程度偏离其应然努力水平的程度。这样，代理人将在其道德效用偏好与其净收益（收益减去努力成本）偏好之间寻求均衡。假设产出是不可事先写入契约的，没有可靠的绩效方法来实施传统的经济激励。在合同中，我们规定了努力标准 s 以及代理人偷懒的负效用。这是因为委托人在向代理人提供薪酬时，必然有一个对代理人努力水平预期的目标要求，而偷懒则意味着达不到委托人预期的努力水平。我们假定代理人偷懒的负效用分别与代理人的道德敏感性（$m>0$）和偷懒程度正相关，即偷懒程度一定时，代理人的道德敏感性越高，代理人负效用越大；在道德敏感性一定时，偷懒程度越高，代理人负效用也越大。为了阐述代理理论中的道德风险，我们利用传统的委托代理关系：一个风险中性的委托人雇用一个风险规避的代理人提供生产性努力，在生产效率既定的条件下，委托人预期的产出一定。真实的产出是随机的，委托人向代理人提供报酬，以支付代理人付出的努力（张维迎，1996）。

为简化问题，我们将代理人的保留效用 u 设定为 0，这样，当 $U(w,e)>u$，代理人将接受委托人的契约。但也意味着签约后代理人会偷懒，因为努力将给他带来负效用，也就是说，在工资固定的情况下，所以，传统委托代理理论假设代理人在事后会完全地背信弃义，放弃其事前的承诺，因为在偷懒过程中代理人自身并不承担任何负效用。当委托人能够观察到代理人的努力时，这种潜在的道德风险是微不足道的，因为实施足够的经济惩罚可以遏制代理人偷懒，但当努力不可观察时，代理人的道德缺失将成为委托人必须面对的道德风险问题。我们考察具有道德敏感性的代理人效用函数。将代理人偷懒的程度用代理人努力成本的节省来表示，这样，偷懒程度介于 0～1 之间，当 $s=e$ 时，代理人无偷懒行为；当 $e=0$ 时，代理人完全偷懒（也即完全违约）。在模型中，道德敏感性程度 m 的取值介于 0 到正无穷，当 $m=0$ 时，代理人是完全的机会主义自利者，偷懒不会给其带来负效用，当 m 为正无穷时，代理人会因偷懒行为而产生递增的负效用，最终导致不再偷懒。在完全偷懒（$e=0, n=1$）时，代理人能够提高其净财富效用。为简化问题起见，我们将道德敏感性 m 取值设定在（0，1），败德行为的负效用分别与代理人的道德敏感性和违约程度成正比。与传统的激励方程不同，败德的负效用抑制了代理人事后偷懒的动机。实际上，代理人节省努力成本 e_2 的同时增加了违约程度 n。因此，代理人在决定是否履行受托义务时，其必然会在努力的负效用与败德的负效用之间进行权衡：道德敏感性 m 的增加直接导致其败德行为负效用的增加，代理人会更加履行受托职责，其薪水则间接地减少了努力的负效用。如传统模型假设，在事前没有信息不对称（Baiman，1982），委托人知道含有道德敏感性因素的代理人效用方程。

如果代理人事后努力水平达到规定水平，便可以得到“合作性”的体现双方互赢的解。而在传统的代理模型中，当努力不能观察，代理人为风险规避时，最优合同是不能达到的（Ross，1973；Demski，1978）。然而，当我们假设代理人具备一定的道德敏感性时，最优合同是可以实现的。委托人能够通过支付一个与代理人努力成本相等的工资来获得任意一个低于关键努力水平的努力。在委托人签订契约之后，代理人是否偷懒和多大程度偷懒取决于败德（偷懒）负效用与努力负效用。当代理人行为偏离契约规定时，努力负效用的减少会大于败德负效用的增加，从而代理人产生偷懒动机。但是随着代理人薪酬的增加（增加了津贴），代理人偷懒所得将被败德行为的负效用所抵消。因此，除了支付努力成本以外，增加津贴将促使代理人愿意付出超过关键努力值的努力水平。因此，该结论也意味着委托人应该与代理人分享由代理人额外努力而增加的收入。该薪酬将高于代理人的保留收益，是代理人自认合理的努力水平的报酬。

9.2 责任伦理对代理人的行为约束

在传统的规范伦理学体系研究中，责任虽然是其关注的内容之一，但是责任伦理无论是在传统的规范伦理体系还是在德性伦理中都不是它们关注和探讨的重要内容，也不是核心原则。然而，随着人类进入近代社会后，人类社会发生了深刻的变化，传统以情感为基础来维系人际关系的纽带变得不仅脆弱而且无法面对越来越多的、不同文化背景下的陌生人际交往关系，从而，人际交往不仅复杂而且人的行为变得更加难以预测。

9.2.1 责任伦理的行为约束特质

在这种社会背景下，需要一种新的伦理体系来维系更复杂的陌生人际交往关系，马克斯·韦伯意识到这一点，率先提出责任伦理，并将责任伦理放在另一种伦理体系下进行探讨，即应用伦理学框架中，马克斯·韦伯关于“责任伦理”的提出与探讨引起了伦理学界的重视和回应，而尤纳斯（H. Jones）则将责任伦理推向了一个系统化研究。责任是应用伦理学的核心范畴之一，责任伦理是对传统伦理学，尤其是德性论的突破与发展。虽然传统道德体系对责任有所涉及，但这仅仅将责任放在其各自的理论框架内进行探讨，而并不是其理论的核心。

在传统伦理学的道德谱系里，责任伦理并不是传统道德体系所关注的重点问题，尤纳斯也曾遗憾地指出：“在旧时的道德体系和伦理哲学中，责任的概念根本未曾占据过重要的核心位置，责任心也未对道德意愿的形成产生影响。”可能最早将责任伦理引入道德体系并将此作为核心范畴进行诠释的是德国社会学家马克斯·韦伯，马克斯·韦伯对信念伦理与责任伦理进行区分并强调在行动的领域里责任伦理优先于信念伦理，这才引发了伦理学家们的重视，从此，责任伦理在应用伦理学或职业伦理学中得到很好的发展并成为了应用伦理学领域的核心范畴之一。作为应用伦理学的核心问题，责任伦理是现代性社会的基本规范，尤纳斯甚至提出“当代伦理学的核心问题就是责任问题”。因此，责任伦理是现代社会的伦理特征，是“人类揖别神灵告别盲目信仰进入现代世俗社会的伦理”，是在当代社会关系全面、充分展开的背景下而产生的一种新形态的伦理理论。从本质上而言，“责任伦理是人们共同承担人类共生共存责任的伦理，责任伦理是面向人类整体、面向未来的高科技时代伦理。”责任伦理不同于传统伦理体系和伦理要求，它并不要求人们过一种什么样的道德生活，责任伦理所面对的是当前世俗社会人际交往过程中所要承担的责任，它类似于一种契约精神，责任伦理的特征或本质就在于“责任伦理是植根于现代世俗社会的伦理，不希望人们通过伦理修炼成贤成圣，而是要求人们过平实、和谐、协调、俭朴、富足、充满活力的世俗生活；责任伦理是一种平等、互利、互助、自由、民主的伦理，社会仍然有科层结构，但没有世袭的永远不变的尊卑等级，有经济上的贫富之分，但无身份上的贵贱之分别，提倡有序竞争，反对强取豪夺；有序竞争为手段，以个人的承诺和契约为约束，融责、权、利于一体，以责任实现程度定奖惩，以追求责任为结局；责任伦理立足当前，面向未来，立足本土，环顾全球，尽责为善，逃责为恶，尽职尽责者受表彰，失职失责者受惩处。”

因此，无条件地服从于责任，便是现代社会中的重要伦理内容和要求，也是现代社会人际交往的重要原则，它甚至不仅是当代伦理学中的核心问题，也是当代社会中最重要的伦理原则。所以，责任伦理不同于传统的哲学伦理体系，它是在人类现代社会发展过程中所出现的具有强烈时代背景的伦理体系要求，是随着现代社会人的角色凸显以及宽泛化所出现的强烈伦理要求。当然，责任伦理在内容上还是属于规范伦理学，虽然，它在某些方面而言又不同于规范伦理学，但总体而言，责任伦理也是对规范伦理学的继承与进一步发展。总之，责任伦理就是人类摆脱蒙昧告别崇高进入世俗社会的伦理，是摆脱神的权威、揖别盲目信仰而追求自己掌握自己命运时代的、一种现实的伦理。

9.2.2　建设监理人行为的责任伦理约束

在责任伦理中，角色是责任伦理研究的逻辑起点，是责任伦理中最基本、最简单、最抽象的范畴。在责任伦理中，“责任依赖角色，而不是依赖于完成任务的人。角色并不是‘自我’——只是在我们工作期间穿上的工作服，当下班后，我们就又会把它脱下来。”角色是人们认识责任的中介，与责任相连，有角色就有责任，角色解除责任也将随之解除。因此，角色与责任的关系是名与实的关系。

同样，要明确监理责任，首先要明确监理主体的角色。从构成上看，监理主体主要包括监理单位和监理工程师。在工程建设管理分工中，监理主体通常由委托方授权，独立地执行工程建设管理职能。因此，监理主体或责任角色也是从主要的构成上来看的，主要包括监理单位和从事监理工作的工程师。从伦理关系来看，监理与委托方之间的关系是主体与客体之间的关系。在哲学中，主体与客体是阐述人类实践活动的一对基本范畴，也是人类认识活动过程中的基本价值关系；而在具体的责任伦理中，主客体关系异于哲学意义上的主客关系范畴，主客体的关系主要是围绕具体责任的实现而产生的主客体关系。

一般而言，责任伦理的主体是指在特定时空的责任关系中某一具体责任的承担者，一般是由个人主体和集体主体构成；而责任伦理的客体则是某一特定时空中责任主体工作和服务的对象，其主要包括个体、集体、未出场的人、人格化的自然客体，甚至是被操纵的科学技术，等等。然而，不同于传统伦理关系的是，责任伦理面向的是未来的伦理，且立足的社会基础是市场经济、民主政治、自由公民、平等人权等现代社会特征；由此，主体责任伦理建立起来的主客关系是一种自由、平等、民主的主客体关系。在责任伦理体系的框架内，任何主体与客体之间的行为都是经过自由选择的结果，不存在任何的强迫或包办，因此，主客体双方在人格、政治、法律权利以及机会选择上都是平等的，且双方是在各项协议规定下，以协商的方式实现责任目标，由此，二者应该是主体之间自由、平等的关系，而并不存在主次或从属关系。

在我国，监理单位具有独立法人资格，与委托方、承建方在横向上是以平等、独立地提供监理工程咨询与管理服务。从其性质上而言，监理属于工程咨询与管理的服务性质类工作，是根据委托合同，代表委托方对承包单位实施工程管理和技术服务，监理的具体内容主要是对所委托工程进行全面的进度控制、质量控制、造价控制、安全控制以及合同管理、信息管理等方面开展组织协调工作，使原来工程中分散的各单位要素的力量得以组合，并能高效、有序、协同一致地实现共同的预定目标，其本质就是利用监理自身的专业知识、管理工作的水平与能力，根据国家相关的法律法规履行相关的责任与义务。这一性质和特点不仅要求监理要凭借自己的技术能力与管理能力严格按照相关法律法规以及合同要求履行监理工作职责；同时还要求监理主体严格按照“独立的第三方”立场履行职责，即监理人所代表的是社会的公信力，应该以公平、公正等伦理取向，以责任伦理的视角负责任地规范监理。正是责任伦理中这种平等的主客体关系，决定着责任伦理的价值取向以及遵循的基本原则也异于传统伦理。责任伦理所遵守的重要原则是共生共存原则，这是由责任伦理的本质特征所决定的。在现代的世俗社会中，社会个体最关心的是个体自身的生存与发展，关心的是自身利益，然而，现代社会中每个个体的利益与他人利益又都是密切联系在一起的，在平等竞争的市场社会体系下，任何个体利益的实现都必须以他人利益的实现为基础和前提，因此，这就决定了责任伦理由关心自己的生存发展逐渐演变成为关心他人的生存与发展，共生共存就不仅成为了责任伦理的首要原则，也是责任伦理的重要原则，同时，也是最高原则。作为现代建筑领域中被国家强行推广的监理制度，决定监理主体在利益上与其他各方是互为前提与基础的利益共同体，各自利益的实现都是以其他方利益的实现为前提和基础的。因此，委托方、监理、承建方以及社会等诸多利益方在现代建筑领域中必须遵循共生共存原则，监理主体责任的实现必须同业主、承建方在签订的协议框架下以协商的方式达成，并最终实现各自的利益。

回顾前文分析，我们将代理人道德因素纳入代理人效用，考察道德伦理因素对建设监理人行为的影响，从而为解决建设监理人机会主义行为寻求其他途径。监理人在决定是否履行受托义务时，其必然会在努力的负效用与败德的负效用之间进行权衡：道德敏感性的增加直接导致其败德行为负效用的增加，监理人会更加履行受托职责，而其薪水则间接地减少了努力的负效用。道德敏感性使得监理人行为治理超出经济范畴，延伸至道德准则与道德义务。

监理人制度是在建筑领域强制推行的工程管理制度，而监理人作为独立于委托方、承建方而对所委托的工程提供咨询和技术上的管理服务。监理工作不仅要求监理人要有相关的技术、法律、管理等能力，同时还要求监理人具备高尚的伦理品质和崇高的道德情操，承担责任，并以责任伦理为核心内涵，以共生共存为最高伦理原则，履行监理责任。

第 10 章

研究结论与展望

本章结合前面各章的理论分析与实证研究，对本书的研究进行总结。在此基础上，提出改进建设监理人行为治理的有效途径。此外，本章也将对研究展望进行阐述。

10.1 研究结论与建议

10.1.1 研究结论

总结全书，我们可以得出以下几个结论：

（1）建设监理人行为的影响因素概括为能力、努力、受托环境、监理承建关系、独立性等五个因子。其中努力与能力是建设监理内生性影响因素，而受托环境、监理承建关系、独立性是外生性影响因素。在其他条件不变的情况下，具有努力偏好的内控型监理人比不具备努力偏好的外控型监理人具有更好的监理控制行为。监理人能力偏好与关系偏好对建设监理人行为的影响具有不同的侧重点，前者侧重于建设监理人的控制行为，后者倾向于受托管理与和谐关系的实现。

（2）受托性质的差异对建设监理人控制行为影响显著。在不同性质的建设工程中，监理人面临不同的工作环境，拥有不同的自主性与自裁力，这些将影响到建设监理人主观能动性和工作的积极性，并最终影响到监理行为绩效。研究表明，国有业主与私人业主对建设监理的质量控制与进度控制行为影响存在显著差异。在国有建筑工程中，常常存在以政府业主代表为主导的“内部人”控制，建设监理人因缺乏必要的独立性而被迫就范，与政府业主代表结成纵向合谋体的可能性大大增加，建设监理人独立自主行为将大打折扣。

（3）环境因子将影响建设监理人的各种行为。物质支持对建设监理人质量控制和进度控制行为具有显著的正向影响。精神支持对建设监理人行为中的合同管理与组织协调行为具有显著的正向影响。来自包括业主、施工方在内的各种组织向建设监理人提供的支持，将有助于增强建设监理人工作的积极性，提高建设监理人对业主的忠诚度。

（4）在不同性质的工程中，建设监理人的工作绩效、关系绩效与社会绩效具有显著差异。工程性质（所有制，投资额度与级别）的不同会引起建设监理人执业环境的变化，建设监理人行为绩效变量存在着显著的差异。对于工作绩效和社会绩效而言，建设监理人在国有特大型工程中具有较高的绩效，在私人建设工程中的表现次之，而在国有大中型工程中又次之，建设监理人的关系绩效对工程特性的敏感性不高。其中可能的原因是，在不同性质的工程中，业主与承建人对建设监理人行为认可程度与配合力度不同。

（5）建设监理人行为对建设工程质量的提升有正向作用。建设监理人的质量控制行为对建设工程质量提升产生正向作用。建设监理人的进度控制行为对建设工程质量提升产生正向作用。但在不同所有制性质中，监理人行为绩效也存在差异，监理人质量控制与进度控制行为在国有大中型工程中的绩效表现不如私有大型工程。这很可能是由于国有建设业主代表与私人建设业主的利益与目标约束存在差异。建设监理人工作的主动性和服务的专业性受到较多的隐形契约的干扰，监理人的责、权、利界限模糊不清。

（6）工程的性质（所有制，投资额度与级别）对建设监理人行为绩效产生不同程度的影响，建设监理人对建设质量控制与进度控制的行为绩效在国有特大级建设工程与国有大中型建设工程中存在明显差异。建设监理人对工程质量控制与进度控制行为的效果在国有特大级建设工程和国有大中型建设工程中存在明显差异。前者是由于建设监理人可能获得充分的监理授权，建设业主代表赋予建设监理人更多的专业权限，建设监理人的责、权、利划分比较清晰，监理人更加自信，并且具备通过学习培训来更新监理人知识结构、提升监理人能力、不断完善监理人工作的制度保障，建设监理人与业主的显性契约约束对两者都具备充分效力。

本书系统整合了国内外学者在建设监理方面的研究成果，首先从宏观的角度，运用委托代理理论考察了建设监理人行为的理想状态——目标模型，并在此基础上建立了建设监理的偷懒模型和合谋模型。同时，从微观的角度，运用管理学的相关原理，研究了建设监理行为的前因变量与结果变量，结合实际的访谈结果，构建了一个较为全面综合的建设监理行为模型。通过定性分析和定量分析相结合的方法对此模型进行了内部结构检验和外部有效性检验。内部结构检验主要侧重于考察我们所提出的维度是否与理论模型吻合，并能够清晰地概括出建设监理的各种行为；而外部有效性检验则是以法则有效性理论为基础，选择与建设监理行为相关的一系列前因变量和结果变量，分别与其构成法则关系，考察我们所提出的行为模型是否与这些变量上存在着理论上的联系，进而考察建设监理行为的有效性以及寻找提高建设监理行为有效性的途径。

10.1.2 启示与建议

本节将依据研究所得的各项结论，提出以下建议，为提高建设监理人行为效率提供参考。

（1）加强建设监理人的素质建设。建设业主代表对建设监理人工作干预的原因之一是对建设监理人的不信任。目前，我国监理人市场的确存在监理人水平良莠不齐，监理服务质量不高的现象。因此，只有加强监理工程师的技术能力，提高服务质量和水平，才能获得建设业主代表的认可和信任，才有可能让业主代表依法让渡管理权限，将监理工作的职责完全交由建设监理人来承担，使其能够独立自主地处理有关工程质量、成本、进度等各项问题。也只有这样，建设监理人的社会地位才能提高，并且获得社会认可的报酬。

（2）厘清建设监理的责、权、利关系。当项目业主代表行为目标非法时（如国有建设项目业主代表的腐败行为），监理人社会责任与契约责任会出现偏离。在这种情况下，监理人面临两难的选择，监理人可能会选择忠于社会责任，秉持正义，但这必然与建设业主代表的意图发生冲突；也可能会屈从于项目业主代表的非法偏好，对建设业主代表的非法要求言听计从，但这又会留下建设工程的质量隐患。因此，社会责任与契约责任的偏离将造成建设监理人丧失独立工作的可能。而在现实中，我国建设监理人市场处于买方市场，监理人市场过度竞争与监理工作申述机制的缺乏会将建设监理人独立判断与决策受到建设业主代表非法干预的可能性变为现实。在业主与监理合同双方中，建设监理人始终处于弱势地位，政府应当采取有效措施维护监理人的正当权益，防范业主的各种违规行为，创造建设监理独立工作的良好环境。

（3）培育适当的建设监理市场结构。我国建设监理人收入不高，重要原因是建设监理市场集中度低，市场无序竞争激烈。这一方面造成了建设监理人服务供给和需求的低质量，不利于有影响力的大型建设监理公司形成良好的声誉机制。另一方面也影响了建设监理人的独立性。因此，提高建设监理人市场准入条件，培育建设监理人市场，实施差异化监理服务收费，逐步形成建设监理市场的寡头竞争结构将有利于建设监理行业的长远发展。

（4）逐步建立市场化的建设监理人市场运作机制。充分发挥建设监理人市场声誉机制是提高监理人独立性并遏制目前建设监理市场“劣币驱逐良币”不良局面的有效路径。推进国有建设工程信息公开和诚信体系建设。对监理人资质予以评级，建立健全监理人诚信档案。加强监理人市场准入，监理人甄别评级，信用分级，实现建设工程监理人淘汰机制，为建设监理人声誉机制的发挥提供制度保证，从而逐步增强建设监理人的独立性，这不仅是抑制建设工程“内部人”控制的有效途径，也是运用市场手段促进建设工程质量稳步提高的长效机制。

10.2 本书创新点

（1）建设工程的特性是影响建设监理人机会主义行为的重要变量。研究发现，在国有大中型工程中，监理人质量控制与进度控制的行为绩效不如私有大型工程，关系绩效则没有明显差异。其原因在于国有建设业主代表与私人建设业主的利益与目标约束存在差异。研究发现，在所有制性质相同的国有建设工程中，工程投资额度对监理人行为会产生影响。国有特大型工程中的建设监理人行为绩效明显高于国有中小型项目中的监理人行为绩效。其原因在于建设业主代表受到来自国有特大工程显性契约约束力远强于其他大中型工程。

（2）本书发现，建设工程所有制性质对监理人行为绩效的影响是通过对监理人独立性的影响来实现的。在国有建设工程中，大量存在的隐性监理契约对显性监理契约的替代造成了监理人独立性的侵蚀，成为建设监理人机会主义行为的主要诱因。监理人独立人格的侵蚀源自国有建设工程中监理人合谋的主动权和决定权在于政府业主代表。政府业主代表的非法干预削弱了监理人参与合同管理和组织协调的积极性，制约了监理人的管理控制行为。

（3）本书论证了建设监理人的独立性决定因素，认为监理人独立性取决于监理人声誉机制与“内部人”控制的相对强弱，声誉对“内部人”控制的制衡可以通过完善的市场机制实现。当“内部人”控制强化时，监理人独立性变弱；而当声誉机制发挥作用时，监理人独立性增强，建设监理人独立性强弱其实质是市场力量与政府管制力量对比的结果。特别地，在我国建设监理人声誉机制缺乏作用的条件下，国有业主代表的“内部人”控制使得建设监理人丧失必要的独立性而被纵向合谋的可能性大大增加，从而更容易造成建设监理人的机会主义行为。

10.3 研究局限

本书存在以下几点研究局限：

（1）建设监理行为是建设监理与业主、承建人的互动过程。本书主要从业主的角度对建设监理行为模型及其有效性进行了考察，缺乏对承建人与建设监理的动态研究，可能会影响到研究结果的完整性。

（2）本研究虽然比较了具有不同性质工程中建设监理在工作绩效、关系绩效与社会绩效等方面的差异，但是仅依靠方差分析的方法是不能回答这些差异产生的原因的，也就是说为什么具有投资性质不同或投资额度不同的工程中，建设监理行为会有不同的监理绩效？是因为他们对建设监理行为的认知不同而引起的？还是因为受到了其他变量的中介作用？本书尚未对这些问题进行深入的分析与探讨。

（3）本书对建设监理的工作绩效的考察采用的是自我评价的方法，因此，使得他们的工作绩效可能存在被高估的倾向。

（4）由于时间和条件的限制，本书主要进行的是横向研究。如果进行纵向的跟踪研究，将更有力地验证前因变量、建设监理行为以及建设结果变量之间的因果关系，使研究结论更具有可信性。

10.4 研究展望

（1）从建设监理与承建人双方的角度进行动态的横向研究，有助于深入了解建设监理与承建人行为的感知和互动过程，以便于更好地理解监理过程和评价监理产出，并减少单一方法偏差。同时，通过这种双方面的研究，也可以更全面地分析建设监理对承建人行为的纠正以及对工程质量影响的有效性。

（2）考察在不同所有质类型的建设工程中，监理人行为是如何受到特定因素的影响，即研究哪些中介变量或调节变量会影响建设监理行为，从而促使他们产生不同的监理效果。

（3）对不同区域的建设监理绩效进行比较，可以进一步研究不同地区诚信制度、建设秩序、地方规制等对建设监理行为的影响，从而更加全面地了解建设监理行为。

（4）扩大样本来源和样本数量，使模型经受更加严格的检验，从而使模型的适用性加强。

附录

建设监理人行为问卷调查表

尊敬的先生/女士：

您好！感谢您在百忙之中抽出时间参与本次问卷调查。

本问卷旨在研究目前建设监理行为特征，影响因素与绩效评价，本研究纯属科学研究之用，答案没有对错之分。本调查完全采用匿名的方式进行，您个人的回答将会受到严格的保密，请您不必有任何顾虑。

感谢您的合作与支持！

一、您的基本资料

1. 性别：男□　　女□
2. 年龄：
3. 工龄：
4. 教育程度：研究生毕业□　本科毕业□　大专毕业□　高中/中专毕业□　高中以下□
5. 职位层次：高层管理□　中层管理□　一般管理人员□　非管理人员□
6. 下列哪些项目您曾经参加过：（多项选择）

□住宅；　□交通设施（道路/桥梁/机场/隧道/地铁）；
□工业厂房；　□电厂及能源设施；　□水利设施；
□体育、环保等公共设施；　□信息及通信设施；
□政府行政设施；　□其他，请说明：__________

二、监理行为总体评价

本研究所定义的“建设监理”是指在建筑行业从事工程勘测，施工，设备安装等工程监理工作并具有相关监理资质的工程师或技术人员。现在，请您仔细想想您对建设监理以及监理行为的看法，请您仔细思考后填写以下：

（1）贵公司在工程建设中业主是否聘请了建设监理　　　　有□无□

（2）贵公司与建设监理合作一般是承建　　　　国有工程□ 私有工程□

（3）在您所承建的项目中，您觉得建设监理的作用是否明显

是□否□

1. 监理能力

请对下列题目选择你的看法。

A. 很同意　5 分　　　　B. 比较同意　4 分　　　　C. 一般　3 分

D. 不太同意　2 分　　　　E. 很不同意　1 分

1）建筑市场经常出现超越本单位资质等级和范围承接监理业务的监理。

2）允许其他单位或个人以本单位的名义承接监理业务的现象很普遍。

3）目前我国建设监理市场招标投标工作的规范化程度很高。

4）现场项目监理机构中的总监理工程师普遍存在未取得从业资格即上岗。

5）建设监理普遍存在超越已取得的从业资格从事监理工作。

6）监理工程师学历构成偏低。

7）存在大量未通过登记或项目核验的监理工程师已取得相应从业资格但未注册即上岗的。

8）具有注册监理工程师执业资格证，但不从事监理工作而出借执业资格证书的现象非常严重。

2. 监理努力

请对下列题目选择你的看法。

A. 很同意　5 分　　　　B. 比较同意　4 分　　　　C. 一般　3 分

D. 不太同意　2 分　　　　E. 很不同意　1 分

1）与建设单位或施工企业串通，弄虚作假，降低工程质量的现象普遍存在。

2）经常性未对施工组织设计中的安全技术措施或者专项施工方案进行审查。

3）施工企业拒不整改或者不停止施工，建设监理未及时向有关主管部门书面报告。

4）对施工企业上道工序未报经监理验收即进入下道工序施工的行为，现场项目监理机构不及时以书面形式予以制止和纠正。

5）对施工企业在主要建筑材料、建筑构配件和设备未报经监理核验即用于工程或应复试而未复试即用于工程的行为，现场项目监理机构不及时以书面形式予以制止和纠正。

6）验收的现场项目监理机构对按规定应进行旁站、平行检验或见证取样而未进行的。

7）现场项目监理机构不按规定使用现行《江苏省建设工程施工阶段监理现场用表》开展现场监理工作。

8）建设单位在未依法办妥施工许可证的情况下强行要求开工，建设监理不予制止，并且签批开工申请的。

9）对施工企业按标准、规范、设计文件规定应进行检测、工程安全和功能性试验而未进行的行为，监理不及时以书面形式予以制止和纠正。

10）对施工企业的材料、构配件、设备报验品种不全、批次不足，实物与报验不符的行为，现场项目监理机构不予以制止和纠正经常性存在。

11）与施工企业串通，为施工企业谋取非法利益，给建设单位造成损失大量存在。

12）未对施工组织设计中的安全技术措施或者专项施工方案进行审查。

13）发现安全事故隐患未及时要求施工企业整改或者暂时停止施工。

14）施工企业拒不整改或者不停止施工，未及时向有关主管部门作书面报告。

3. 监理受托关系

请对下列题目选择你的看法。

A. 很同意　5分　　B. 比较同意　4分　　C. 一般　3分

D. 不太同意　2分　　E. 很不同意　1分

1）建设监理与业主存在沟通与信任危机。

2）业主行为不规范导致了建设监理环境恶化。

3）建设业主对建设监理的能力充满信心。

4）国有工程业主对建设监理行为干预比私有工程的严重。

5）建设业主与监理公司签订的监理合同中，阴阳合同占很大部分。

6）目前监理企业生存环境的主要困难是市场不规范，假招标多。

7）建设监理责任大但收费率太低。

8）我国建设监理市场目前大量存在建设业主压价的现象。

9）建设业主对监理费用可以做到及时全额支付。

10）您认为目前我国的监理收费标准太低。

11）业主与监理签订阴阳合同，导致实际薪水不及合同薪水普遍存在。

12）实际监理收费低于合同规定的收费标准。

13）政府投资项目的项目法人对建设监理重视程度高。

14）私人投资项目的业主对建设监理重视程度高。

15）有相当一部分业主只委托监理单位进行施工阶段监理，但又不愿意将投资管理、进度管理交给建设监理建设。

16）在实际工程项目中，大部分业主和承包商都比较重视合同的订立与管理。

17）难以吸引人才进入监理业的主要因素是职业定位与社会地位问题。

18）工程项目的进度、质量、造价均应依据合同来管理，在实际工程项目中业主与承建人对合同的订立与执行（　）。

A. 都重视　　B. 仅重视合订立　　C. 仅重视执行

D. 都不重视　　E. 不知道

4. 监理施工关系

请对下列题目选择你的看法。

A. 很同意　5分　　B. 比较同意　4分　　C. 一般　3分

D. 不太同意　2分　　E. 很不同意　1分

1）施工单位耍态度，对监理工作不配合，不协作甚至在监理工作上有意刁难的情况经常发生。

2）建设监理能够从承建部门顺利取得完成工作所需要的资料。

3）建设监理的正确意见能够被承建人重视并被采纳。

4）当施工项目有任何变动时，承建人能事前告知建设监理。

5）承建人对建设监理充满信心与信任。

6）建设监理不存在故意刁难，勒索承建人的行为。

7）承建人送礼、请客经常被监理人拒绝。

8）承建人的违规行为能及时得到监理人制止。

5. 监理人独立性

请对下列题目选择你的看法。

A. 很同意 5分　　B. 比较同意 4分　　C. 一般 3分

D. 不太同意 2分　　E. 很不同意 1分

1）监理人独立性缺失问题在国有建设工程中尤为突出。

2）监理人独立性损失不仅来自建设业主的压力，也经常来自与业主有裙带关系的承建方。

3）在质量、安全与投资、进度等监理目标方面，监理人行为的独立性受到不同程度的挑战，后者压力明显高于前者。

4）监理人代表独立的第三方与社会公信力，是以建设监理的职业业绩和社会信誉为最终表现形态。

5）独立性受损时，监理人缺乏权利诉求的有效渠道与途径。

6）建设监理独立性的根本解决在于业主与监理人严格按照合同办事。

7）业主与监理人的经常性交流、沟通与理解是监理人获取独立性的必备方式。

参考文献

[1] 胡建兰．建设监理［M］．郑州：黄河水利出版社，2001.

[2] 严玲，尹贻林．项目治理理论［M］．天津：天津大学出版社，2006.

[3] 佘杰．建设监理职业道德研究［D］．武汉大学硕士论文，2005.

[4] 陆惠民．工程项目管理［M］．南京：东南大学出版社，2004.

[5] 建设部文件．建设部2002年整顿和规范建筑市场秩序工作安排，2002.

[6] 建设部政策研究中心．中国建筑业改革与发展研究报告［M］．中国建筑工业出版社，2005.

[7] 苏有文．建设监理目标控制研究与应用［D］．重庆大学硕士论文，2006.

[8] 张水波等译．FIDIC设计：建造与交钥匙工程合同条件应用指南［M］．北京：中国建筑工业出版社，1999.

[9] 国际咨询工程师联合会、中国工程咨询协会编译．依据质量选择咨询服务［M］．北京：中国计划出版社，1998.

[10] 臧军昌等译．土木工程施工合同条件应用指南［M］．北京：航空工业出版社，1991.

[11] Gary R. Heerkens, Project Management［M］. McGraw-Hill Companies, Inc, 2002.

[12] Roger V. Fulton, Common Sense Supervision［M］. Ten Speed Press, 1988.

[13] 胡光祖．应用型委托代理理论研究［M］．杭州：浙江大学出版

社，2006.

［14］周景安．代理行为法律后果归属模式之比较研究［J］．理论导刊，2001（2）.

［15］程国平．经营者激励—理论方案与机制［M］．北京：经济管理出版社，2002.

［16］Gordon Turlock. Rent Seeking ［M］. Edward Elgar Publishing Limited，1993.

［17］Patrick J. Buchanan，Toward a Theory of the Rent-Seeking Society ［M］. Texas & M University Press，2000.

［18］Osano，H. Moral Hazard and Renegotiation in Multi-Agent Incentive Contracts When Each Agent Makes a Renegotiation Offer ［J］. Journal of Economic Behavior and Organization，1998（37）：207－230.

［19］James Miller. Game Theory at Work ［M］. McGraw-Hill Companies，Inc，2003.

［20］郭南芸．建设工程代理人合谋行为的防范机制研究［J］．江西财经大学学报，2008（9）.

［21］黄安仲．委托代理关系中的合谋及其治理［J］．现代管理科学，2008（3）.

［22］A. A. Alehian，H. Demsetz. Production，Information Costs，and Economic Organization ［J］. American Economic Review，1972，3（2）：21－41.

［23］S. Charles Maurice，Christopher R. Thomas. Managerial Economics ［M］. China Machine Press，2003.

［24］Holmstrom，B.，P. Milgrom. Multi-task Principal-agent Problems：Incentive Contracts，Asset Ownership，and Job Design ［J］. Journal of Law，Economics and Organization，1991（7）：24－52.

［25］J Baker，George P. Incentive Contracts and Performance Measurement ［J］. Journal of Political Economy，1992，100（3）：598－614.

［26］牛艳丽．工程项目监理激励机制研究［D］．西安建筑科技大学

硕士论文，2008.

［27］严玲，尹贻林．基于治理的政府投资项目代建制绩效改善研究［J］．土木工程学报，2006（11）.

［28］罗建华等．国家投资建设项目业主代理模式的市场博弈分析［J］．湖南大学学报（社会科学版），2004（7）.

［29］徐世群．监理工作的工程变更的若干问题［J］．中国水运（理论版），2007（8）.

［30］朱厉欣．工程建设监理概论［M］．北京：人民交通出版社，2007.

［31］Baliga，S.，T. Sjostrom，1998. Decentralization and Collusion［J］. Journal of Economic Theory，1998，83（2）：196－232.

［32］Celik，G. Three Essays on the Informational Aspects of Untrustworthy Experts，Elusive Agents and Corrupt Supervisors［D］. Ph. D. Thesis，Northwestern University，2002.

［33］Celik，G. Counter Marginalization of Information Rents under Collusion［J］. Micro Theory Working Papers，2004.

［34］张维迎．公有制经济中的委托人—代理人关系［J］．经济研究，1995（4）．

［35］王晓州．建设项目委托代理关系的经济学分析及激励约束机制设计［J］．中国软科学，2004（6）．

［36］槐先锋．建筑工程项目业主与监理的信息不对称分析［J］．建筑管理现代化，2004（5）.

［37］张文渊．谈业主授权与监理工程师的权利［J］．工程监理，2003（5）．

［38］卢有杰．新建筑经济学［M］．北京：中国水利水电出版社，2002.

［39］诺斯著．制度、制度变迁与经济绩效［M］．上海：上海三联书店，1994.

［40］郑利平．腐败的成因：委托代理分析［J］．经济学动态，2000

(11): 15-20.

[41] 盛宇明. 论公有制企业的政治性及双层代理结构 [J]. 经济学动态, 2002 (1): 43-46.

[42] 黄安仲. 委托代理关系中的合谋及其治理 [J]. 现代管理科学, 2008 (3).

[43] 诺斯著. 经济史中的结构与变迁 [M]. 上海: 上海三联书店, 1994.

[44] 卢瑟福. 经济学中的制度 [M]. 北京: 中国社会科学出版社, 1999.

[45] 青木昌彦. 比较制度分析 [M]. 上海: 上海远东出版社, 2001.

[46] 盛洪. 现代制度经济学 [M]. 北京: 北京大学出版社, 2003.

[47] 柯武刚, 史漫飞. 制度经济学 [M]. 北京: 商务印书馆, 2000.

[48] 陈伟. 国有资本人格化研究 [D]. 中南大学博士学位论文, 2007.

[49] 钱学森等. 论系统工程 [M]. 长沙: 湖南科学技术出版社, 1988.

[50] 戴汝为. 系统科学与复杂性科学 [M]. 系统科学与工程研究. 上海: 上海科技教育出版社, 2000.

[51] 贝塔朗菲著, 秋同、袁嘉新译. 一般系统论——基础、发展、应用 [M]. 北京: 社会科学文献出版社, 1987.

[52] 赵宏良. 建筑工程的新型激励合同设计原理 [J]. 技术经济与管理研究, 2005 (4).

[53] 廖浩平. 监理人质量行为的政府监督与激励机制研究 [D]. 重庆大学硕士学位论文, 2005.

[54] 李世蓉. 改革政府项目管理模式势在必行 [J]. 中国工程咨询, 2005 (9).

[55] G. 斯蒂格勒著, 潘振民译. 产业组织和政府管制 [M]. 上海: 上海人民出版社, 1996.

[56] JJ 拉丰, D. 马赫蒂摩著, 陈志俊等译. 激励理论: 委托代理理

论，（第一卷）［M］．北京：中国人民大学出版社，2002.

［57］林毅夫．关于制度变迁的经济学理论［M］．上海：上海三联书店，1994.

［58］郑勇强．监理主体责任伦理研究［J］．求索，2015（7）．

［59］Ma，C-T. Unique Implementation of Incentive Contracts with Many Agents［M］. Review of Economic Studies，1988，55（4）：555－571.

［60］C. North Doglass. Structure and Change in Economic History［M］. Cambridge University Press，1981.

［61］Oliver E. Williamson，Sidney G. Winter. The Nature of the Firm［M］. Oxford University Press，1992.

［62］Farrell，J.，Shapiro. Optimal Contracts with Lock-In［J］．American Economic Review，1989.

［63］Fehr，Ernst；Kirchsteiger，George and Riled，Arno. Does Fairness Prevent Market Clearing：An Experimental Investigation［J］. Quarterly Journal of Economics，1993，108（2），437－459.

［64］Holmstrom，B. Moral Hazard and Observability［J］. Journal of Economics，1979（10）：74－91.

［65］Mirrlees，J. Notes on Welfare Economics，Information and Uncertainty［J］. Essays on Economic Behavior under Uncertainty，edited by Michael Balch，Daniel McFadden and Shif-yn Wu. Amsterdam：North-Holland，1974.

［66］Mirrlees，J. The Theory of Moral Hazard and Unobservable Behavior：Part I［M］. Nuffield College，Oxford，Mimeo，1975.

［67］Mirrlees，J. The Optimal Structure of Authority and Incentives Within an Organization［J］. Journal of Economics，1976（7）：105－131.

［68］Rabin，Matthew. A Perspective on Psychology and Economics［J］. European Economic Review，2002，46（4－5）：657－685.

［69］Rabin，Matthew，Review of Arrow，K.，Colombatto，E.，Perlman，M. and Schmidt，C.（eds.），The Rational Foundations of Economic Behaviour，Macmillan Press Ltd，1996［J］. Journal of Economic Literature，

1997, 35 (4): 2045 – 2046.

[70] 张丽艳. 管理教练行为模型研究 [D]. 大连理工大学博士论文, 2008.

[71] 贾念念. 不对称信息下的企业激励机制研究 [D]. 哈尔滨工程大学硕士论文, 2003.

[72] 张丽艳. 管理教练功能的多维结构及对员工绩效和工作满意度的影响研究 [J]. 软科学, 2009 (1).

[73] Guest E. D. & Conwayl N. EmployeeWell-being and the Psychological Contract: A report for the CIPD [M]. Research report, London, CIPD Publication, 2004.

[74] Guest, D., & Conway, N. Fairness at Work and the Psychological Contract [M]. London: Institute of Personnel and Development, 1998.

[75] Hiltro J-M. TheChanging Psychological Contract: The Human Resource Challenges for the 1990s [J]. The European Management Journal, 1995, 13 (3): 286 – 294.

[76] Kaplan, R., Atkinson, A. Advanced Management Accounting (3rd.) [M]. New Jersey: Prentice Hall Inc, 1998.

[77] Schatzberg, J., Stevens, D. (in press). Public and Private Forms of Opportunism within the Organization: A joint Examination of Budget and Effort Behavior [J]. Journal of Management Accounting Research, 2008.

[78] Siegel, I. Work Ethic and Productivity The Work Ethic—A Critical Analysis (pp. 27 – 42) [M]. WI: Industrial Relations Research Association, 1983.

[79] Smith, A. The Theory of Moral Sentiments. Reprints of Economic Classics [M]. New York: A. M. Kelley Publishers, 1759/1966.

[80] 李子奈. 高等计量经济学 [M]. 北京: 高等教育出版社, 2000.

[81] 潘省初. 计量经济学中级教程 [M]. 北京: 清华大学出版社, 2009.

[82] Bendoly, E., Donohue, K., Schultz, K. L. Behavior in Opera-

tions Management: Assessing Recent Findings and Revisiting Old Assumptions [J]. Journal of Operations Management, 2006, 24 (6): 737 - 752.

[83] Bollen, K. A. Structural Equations with Latent Variables [M]. New York: Wiley and Sons, 1989.

[84] Bollen, K. A., Long, J. S. Testing Structural Equation Models. Thousand Oaks [M]. CA: Sage Publications, 1993.

[85] Ebrahimpour, M., Withers, B. E. Employee Involvement in Quality Improvement: A Comparison of American and Japanese Manufacturing Firms Operating in the U. S [J]. IEEE Transactions on Engineering Management, 1992, 39 (2): 142 - 148.

[86] Douglass C. North, Institutions, Institutional Change and Economic Performance [M]. Cambridge University Press, 1997.

[87] Anderson, T. An Introduction to Multivariate Statistical Analysis 2nd [M]. New York: John Wiley and Sons, 1996.

[88] Andrea Bonaccorsi, Andrea Piccalugadu. A Theoretical Framework for the Evaluation of University-industry Relationships [J]. Management Study, 1994, 24 (3): 229 - 247.

[89] Bentler, P. M., Bonnet, D. G. Significance Test and Goodness-of-fit in the Analysis of Covariance Structures [J]. Psychological Bulletin, 1980, 83 (3): 588 - 606.

[90] Black, S., Porter, L. Identification of the Critical Factors of TQM [J]. Decision Sciences, 1996, 27 (1): 1 - 21.

[91] Coye, R. W., Belohlav, J. A. An Exploratory Analysis of Employee Participation [J]. Group and Organization Studies, 1995, 20 (1): 4 - 17.

[92] Coyle-Shapiro, J. A. M. Employee Participation and Assessment of an Organizational Change Intervention [J]. The Journal of Applied Behavioral Science, 1999, 35 (4): 439 - 456.

[93] Coyle-Shapiro, J. A. M., Morrow, P. C. The Role of Individual Differences in Employee Adoption of TQM Orientation [J]. Journal of Vocational

Behavior, 2003, 62 (2): 320 - 340.

[94] Cronbach, L. Coefficient Alpha and the Internal Structure of Tests [J]. Psychometrica, 1951 (3).

[95] 郭南芸．工程建设领域合谋动因与治理 [J]. 社会科学家, 2008 (3).

[96] 谢光华, 袁乐平．我国国有建设工程监理服务的独立性分析 [J]. 技术经济与管理研究, 2012 (10).

[97] Abdulkadiroglu, A., K. Chung. Auction Design with Tacit Collusion [R]. University of Columbia Working Paper, 2003.

[98] Che, Y., J. Kim. Robustly Collusion-proof Implementation [R]. University of Wisconsin Working Paper, 2005.

[99] 石嵬．高层建筑基础工程大体积混凝土施工质量的监理控制 [D]. 天津: 天津大学硕士论文, 2006.

[100] 谢光华, 袁乐平．论国有工程建设监理的独立性 [J]. 社会科学战线, 2012 (12).

[101] 张维迎著．博弈论与信息经济学 [M]. 上海: 三联书店, 1996.

[102] Guest E. D., Conway N. Communicating thePsychological Contract: an Employer Perspective [J]. Human Resource Management Journal, 2002, 12 (2): 22 - 38.

[103] Reynolds. Agency Theory: An introduction (pp. 127 - 142) [M]. New York: Oxford University Press.

[104] Kulik, B. Agency Theory, Reasoning and Culture at Enron: In Search of a Solution [J]. Journal of Business Ethics, 2005 (59): 347 - 360.

[105] 谢光华, 袁乐平．政府投资工程中的内部人控制, 纵向合谋与建设监理独立性救济 [J]. 湖南社会科学, 2013 (1).

[106] T·W·舒尔茨著．制度与人的经济价值的不断提高 [M]. 上海: 上海三联书店, 1991.

[107] Luft, J. Fairness, Ethic, and the Effect of Management Accounting

on Transaction Costs [J]. Journal of Management Accounting Research, 1997 (9): 199-216.

[108] Messmer, M. Launching a Career in the Nonprofit Sector [J]. Strategic Finance, 2002, Vol. 5: 15-16.

[109] Mittendorf, B. Capital Budgeting When Managers Value Both Honesty and Perquisites [J]. Journal of Management Accounting Research, 2006, Vol. 8: 77-95.

[110] Noreen, E. The Economics of Ethics: A New Perspective on Agency Theory [J]. Accounting, Organizations, and Society, 1988, Vol. 13 (4): 359-369.

[111] 李明斐. 公务员胜任力模型的构建与检验研究 [D]. 大连: 大连理工大学博士论文, 2006.

[112] 卢小君. 文化对个体创新行为的影响机理研究 [D]. 大连: 大连理工大学博士论文, 2007.

[113] 任宏, 祝连波. 工程投标中串标行为的信号博弈分析 [J]. 土木工程学报, 2007 (7): 99-103.

[114] 萧鸣政. 人力资源开发与管理——在公共组织中的应用 [M]. 北京: 北京大学出版社, 2005.

[115] 李建南. 网络自主学习中自我效能感的影响因素研究 [D]. 西安理工大学硕士论文, 2010.

[116] 高富平, 王连国. 委托合同与受托行为 [J]. 法学: 1999 (4): 38-39.

[117] 宋艳. 政府审计人员工作绩效结构研究 [J]. 财经问题研究, 2012 (4).

[118] 陈晓东. 城市立交桥项目建设质量及成本控制研究 [D]. 青岛: 中国海洋大学硕士论文, 2009.

[119] 王孟钧著. 建筑市场信用机制与制度建设 [M]. 北京: 中国建筑工业出版社, 2006.

[120] 谢光华, 袁乐平. 论国有工程建设监理的独立性 [J]. 社会科

学战线，2012（12）.

［121］李德全．发达市场经济国家和地区政府投资工程管理方式［J］．建筑经济，2002（6）：8－12.

［122］许元龙，徐帆．业主委托的工程项目管理［M］．北京：中国建筑工业出版社，2005.

［123］高山行，江旭．激励的延误效应及其分析［J］．中国软科学，2002（1）.

［124］丹尼尔·F·史普博．管制与市场［M］．上海：上海三联书店，1999：30－49.

［125］曹玉贵．工程监理制度下的委托代理分析［J］．系统工程，2005（1）：33－36.

［126］林元庆．多目标R&D活动中激励机制的优化设计［J］．福州大学学报（哲社版），2008（10）.

［127］谢光华，袁乐平．论"道德敏感性因素"对道德风险的抑制——植入道德伦理的委托代理关系［J］．求索，2013（6）.

［128］Ross，S. The Economic Theory of Agency：The Principal's Problem［J］. The American Economic Review，1973，63（2）：134－139.

［129］Kofman，F.，Lawarre'e，J. Collusion in Hierarchical Agency［J］. Econometrica，1993，Vol. 61，No. 3：629－656.

［130］Kofman，F.，Lawarre'e，J. On the Optimality of Allowing Collusion［J］. Journal of Public Economics，1996，Vol. 61：383－407.

［131］Laffont，J－J.，Martimort，D. Separation of Regulators Against Collusive Behavior［J］. RAND Journal of Economics，1999，Vol. 30，No. 2：232－262.

［132］Laffont，J－J.，Rochet，J－C. Collusion in Organizations［J］. Scandinavian Journal Economics，1997，Vol. 99，No. 4：485－495.

［133］Laffont，J－J.，Tirole，J. A Theory of Incentive in Procurement and Regulation［M］. MIT Press，1993.

［134］Lambert-Mogiljansky，A. Corruption in Procurement-The Economics of Regulatory Blackmail [J]. Research Paper No. 1994, University of Stockholm, 1994.

[135] Martimort, D. The Life Cycle of Regulatory Agencies: Dynamic Capture and Transaction Costs [J]. Review of Economic Studies, 2000, Vol. 66: 929 -948.

[136] Picard, P. Auditing Claims in the Insurance Market with Fraud: The Credibility Issue [J]. Journal of Public Economics, 1996, Vol. 63: 27 -56.

[137] ROSE-ACKERMAN S. Corruption and Government. Causes, Consequences, and Reform [M]. Cambridge University Press, Cambridge, 1999.

[138] Coye, R. W., Belohlav, J. A. Employee Involvement in American corporations [J]. Employee Responsibilities and Rights Journal, 1991, 4 (2): 231 -241.

[139] Dawkins, C. E., Frass, J. W. Decision of Union Workers to Participate in Employee Involvement [J]. Employee Relations, 2005, 26 (4).

[140] Belohlav. An Application of the Theory of Planned Behavior [J]. Employee Relations, 2008, 27 (5): 511 -531.

[141] Deming, W. E. Out of the Crisis. Cambridge [M]. MA: MIT Center for Advanced Engineering Study, 1986.

[142] Deming, W. E. Quality, Productivity, and Competitive Position [J]. Quality Enhancement Seminars. Four-day Seminar, Atlanta, 7 - 10 May (Los Angeles, CA).

[143] Oliver E. Williamson, Scott E. Msten, The Economics of Transaction Costs [M]. 2002, 57 (3): 20 -24.

[144] Kofman, F., J. Lawarree. On the Optimality of Allowing Collusion [J]. Journal of Public Economics, 1996 (61): 383 -407.

[145] Laffont, J., D. Martimort. Mechanism Design with Collusion and Correlation [J]. Econometrica, 2000, 68 (2): 309 -342.

[146] Rabin, M. Incorporating Fairness into Game Theory and Economics [J]. The American Economic Review, 1993, 83 (5): 1281 -1302.

后　　记

本书是在我的博士论文的基础上经过修改和扩充而成的。本书得以完成，不仅是我个人努力的结果，也凝结了各位老师的悉心指导和支持。在本书即将出版之际，特此表示深深的感谢。

在书稿写作和修改的过程中，由于本人知识结构的局限，一些缺漏和谬误之处在所难免，请批评指正。

我要特别感谢我的导师袁乐平教授。导师在人力资源管理方面享有比较高的声誉，能够师从于他，何其幸也！本书能够顺利完成，无疑得益于导师的悉心教诲。从选题、结构安排、内容提炼直至最终定稿，都倾注了袁老师无数的心血，我能取得今天的进步和成果与袁老师的悉心指导和潜移默化的影响是分不开的。师恩之大，难以言表；师恩之重，不敢有忘，唯有以更加勤勉地工作来回报。

我还要感谢中南大学商学院陈晓红名誉院长、胡振华书记、王国顺教授、刘振彪教授、岳意定教授、洪开荣教授、黄生权教授、黎翠梅教授、吴庆田教授、彭丹老师以及其他老师对我的关心和指导，特别感谢游达明常务副院长对我的指导和帮助，以及对我的论文提出的若干宝贵意见。

感谢湖南文理学院经济管理学院的肖小勇院长、苏静副院长、雷明全教授和其他领导。感谢经济管理学院的祁飞博士、何鑫博士等各位同事，感谢他们对本人工作的支持和帮助。感谢湖南文理学院科研院的领导和工作人员，本书最终能够出版得益于湖南文理学院科研院与经济管理学院的慷慨资助。感谢郭红芬、郑勇强、李玉蕾、李可、杜继军、尹惠斌、关勇军、汤启萍等同学对我学习与生活上的关心、支持与帮助，在我的写作进行不下去的时候，主动开导我、鼓励我，这种友爱如同亲情一般，让人终生难忘，是我一生中最宝贵的财富。

感谢经济科学出版社的王冬玲女士、张燕女士，她们的耐心与热情让我终生难忘。

尤其要感谢我的母亲戴永红女士，母亲的默默支持，伴随着我走过了40多个春秋，一直是我巨大的精神支柱。她虽然文化不高，但是教给了我很多为人处世的道理，使我学会了宽容、上进和感恩。感谢女儿子芊给我带来的快乐，她的健康成长让我增加了一份勇气与力量去应对写作中的一切迷途与困惑。

路漫漫其修远兮，吾将上下而求索。拙作即将付梓，但学海无涯，我将始终怀着一颗谦卑而感恩的心继续学习。

谢光华

2017年7月